FALKEN
BÜCHEREI

Josef Trajber

Der Würfel

»Rubiks Cube«

Lösungswege
Mathematische Grundlagen
Varianten für Supertüftler

FALKEN
VERLAG

CIP-Kurztitelaufnahme der Deutschen Bibliothek

Trajber, Josef:
Der Würfel (Rubiks Cube): Lösungswege; math. Grundlagen;
Varianten für Supertüftler / Josef Trajber.
Niedernhausen/Ts.: Falken-Verlag, 1981.
(Die Falken-Bücherei)
ISBN 3-8068-0565-2

ISBN 3 8068 0565 2 (kartonierte Ausgabe)
ISBN 3 8068 0585 7 (gebundene Ausgabe)

Zeichnungen: Edith Kuchenmeister
Titelbild: Axel Ruske
Satz: H. G. Gachet & Co., 6070 Langen
Druck: Ebner Ulm

817 26

Inhalt

Einleitung

Eine Epidemie hat sich ausgebreitet – das Würfelfieber. Wer davon angesteckt ist, hat mit dem Krankheitsverlauf schwer zu kämpfen. Die Symptome schwanken von Hoffnungsfreude, Sportgeist, Selbstbestätigung und Triumph bis hin zu Nervosität, Verzweiflung und Frustration. Doch selbst negative Erfahrungen schrecken die Infizierten nicht lange zurück: Immer wieder versuchen sie ihr Glück. Das Glück, einen Würfel so zu richten, daß die einzelnen Flächen wieder dieselbe Farbe zeigen. Aber mit Glück ist es nicht zu schaffen.

Es handelt sich um »Rubiks Cube«. Der Erfinder des Würfels, der ungarische Physikprofessor und Designer Ernö Rubik, wollte damit seinen Studenten eine didaktische Denkhilfe in die Hand geben, was ihm eindeutig gelang. Mathematische Grundlagen lassen sich damit anschaulich darstellen, und für Supertüftler bietet der Zauberwürfel eine Fülle von reizvollen Aufgabenstellungen.

Für den Normalverbraucher dagegen ist es bereits ein Erfolgserlebnis, alle Farbseiten richten zu können, und das in zunehmend kürzerer Zeit und mit weniger Drehfolgen. Ihm wird das Buch genau so helfen, wie dem Forschergeist. Der Würfel ist ein einmaliges Denkspiel und für Kinder ab 12 Jahren geeignet.

Nach dem hier gebotenen System können Sie den Würfel in Kürze meistern. Sie können aber auch eigene Ideen verwirklichen.

Und nun viel Vergnügen beim Drehen.

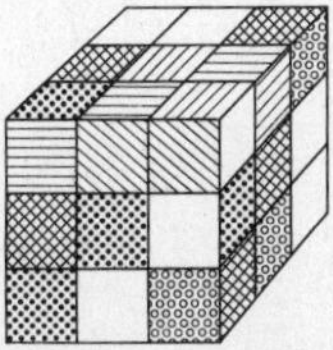

Bauweise des Würfels

Nehmen Sie »Rubiks Cube« zur Hand. Jede der sechs Flächen ist in 9 kleine Flächen unterteilt, die jeweils dieselbe Farbe haben.

Jede der 6 Flächen läßt sich für sich drehen, z. B. die rechte Fläche:

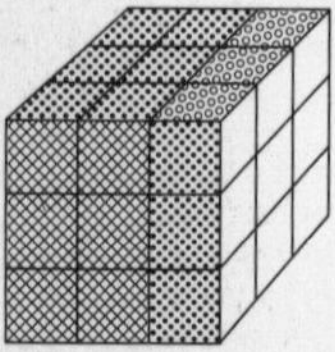

◄ einmal = um 90 Grad,

zweimal = um 180 Grad, ►
dabei ist die Drehrichtung egal.

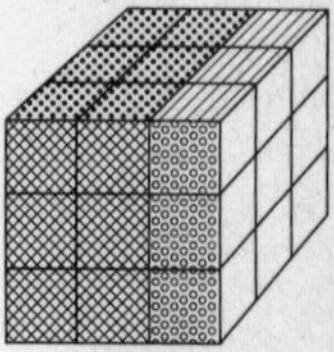

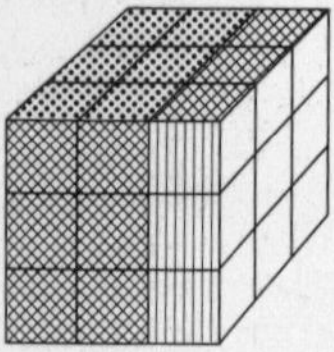

◄ dreimal = um 270 Grad,
oder 90 Grad in der
anderen Richtung.

viermal = jetzt ist der ►
Würfel genau gleich
wie am Anfang.

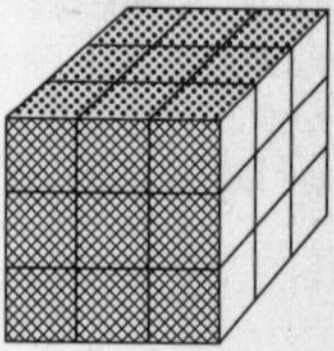

Wenn Sie jetzt abwechselnd verschiedene Flächen des Würfels drehen, werden Sie feststellen, daß er sehr schnell bunt kariert wird. Davon, wie man den Würfel dann wieder in seinen Urzustand zurückdreht, handelt dieses Buch.

Nach einer Weile Drehen können Sie erkennen, daß die 6 Mittelsteine, also die Steine in der Mitte jeder Fläche immer an ihrem Platze bleiben. Sie sind auch das fixe Gerüst des Würfels und können nicht untereinander vertauscht werden, sondern sich nur um ihre Achse drehen.

Bei weiterem Drehen stellt man fest, daß die übrigen 8 Karos auf jeder Würfelseite nicht beliebig zu handhaben sind – es bilden immer 2 oder 3 Seitenflächen einen Stein.

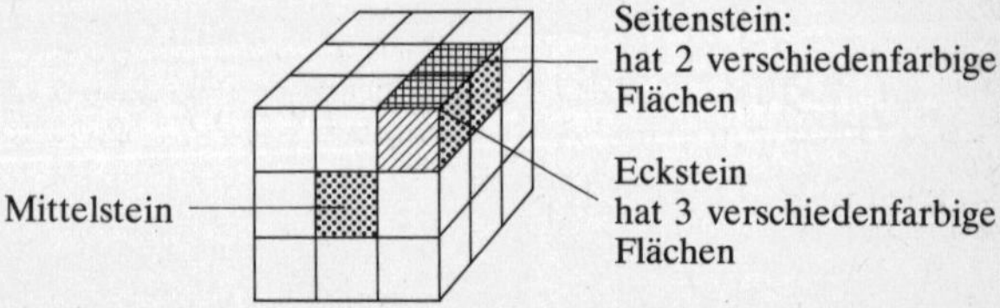

Es klingt natürlich jetzt etwas einfach, aber auch darauf muß man selbst erst kommen: Die 8 Ecksteine des Würfels können zwar untereinander vertauscht werden, aber nie den Platz eines Seitensteins einnehmen, wie natürlich auch umgekehrt keiner der 12 Seitensteine – Sie können nachzählen – an eine Ecke wandern kann.

9

Wie kann man die Probleme des Würfels bewältigen?

1. Phase:
Kennenlernen des Würfels
Man kann versuchen eine Fläche wieder in Ordnung zu drehen und erkennt dabei manche Züge, die zum Ziel führen und die recht einfach zu merken sind. Das Richten einer einzigen Fläche ist durch reine Überlegung möglich. Nach einigem Probieren kommen wohl die meisten Würfeldreher in ca. 20 bis 30 Minuten darauf.

2. Phase:
Kombinationen für die Lösung von Teilproblemen austüfteln
Wenn man eine Fläche richtiggestellt hat und empirisch, also durch »Probieren« versucht, die andern zu richten, stellt man sehr schnell fest, daß man sich eher die erste Fläche zerstört, als weitere Steine richtig hinzubringen. Man kann daher nur schrittweise vorgehen.
Es gibt wohl einige Menschen – wahre Geistesathleten – die durch Probieren nach und nach die jeweils anfallenden Teilprobleme lösen konnten und schließlich den kompletten Würfel gerichtet hatten. Man erzählt sich hier von Rekorden von 10 Stunden. Die meisten Leute aber werden sich mit einem anderen Vorgehen leichter tun: Durchführen von sogenannter »Grundlagenforschung« mit einem Würfel, der nicht verdreht ist. Sie probieren Züge aus, die Ihnen günstig scheinen, merken Sie sich oder schreiben sie auf, und Sie erkennen dann, was durch diese Züge bewirkt wurde – etwas Günstiges oder etwas weniger Sinnvolles.
Dabei werden Sie wahrscheinlich auf Folgendes kommen: Während einer Zugfolge sollte man vom Anfang bis zum Ende den Würfel immer in der gleichen Stellung halten, also immer dieselbe Seite rechts und dieselbe Seite vorne.
Diese eine Phase des Austüftelns kann Ihnen das vorliegende Buch ersetzen, das andere müssen Sie dann selbst üben.
Zu einem Würfel in nicht verdrehtem Zustand kommen Sie auch durch Zerlegen, siehe dazu das nächste Kapitel.

3. Phase:
Geeignete Kombinationen lernen
Von den in der Phase 2 gefundenen Zügekombinationen suchen Sie sich die für die jeweils zu lösenden Teilprobleme passenden aus – oder haben Sie für ein Teilproblem keine Lösung? Dann sind Sie noch nicht soweit!
Es sollte dann möglich sein, alle notwendigen Kombinationen aus dem Kopf zu wissen, ohne irgendwo nachzublättern. Dazu ist nur noch Übung notwendig.

4. Phase:
Geläufigkeit
Bei weiterer Übung wird es Ihnen möglich sein, eine beinahe hundertprozentige Fehlerfreiheit zu erreichen, d. h. jede Kombination so anzuwenden, daß sie auch wirklich ohne eine falsche Drehung zum Ziel führt. Bei weiterem eifrigen Drehen und Üben schulen Sie auch Ihre Reaktion. Sie erkennen dann blitzschnell, welche Kombination als nächste sinnvoll ist.
Für den Würfel brauchen Sie also neben Intelligenz auch eine gute Reaktion: Die schnellsten Würfeldreher sind dann die »Schachspieler mit Reaktion«.

Üben und Zerlegen

Zur Erleichterung sagen wir Ihnen noch, wie Sie den Würfel zerlegen und wieder richtig zusammensetzen können. Das gilt aber natürlich nicht als Lösung für das Problem des Zurückdrehens! Verdrehen Sie den Würfel also wie in der Skizze:

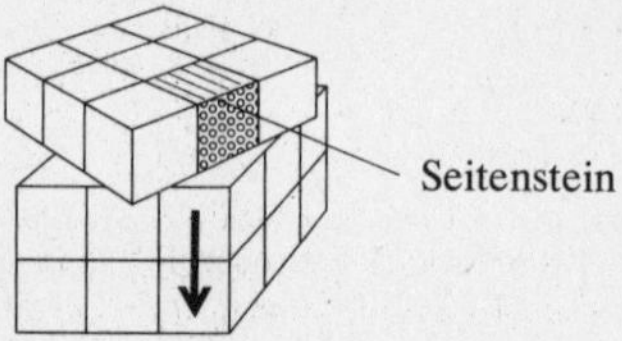

Dann drehen Sie ein wenig und ganz vorsichtig die rechte Fläche in der Pfeilrichtung.
Jetzt läßt sich der bezeichnete Seitenstein herausnehmen, wenn man mit einem Löffel oder mit der Hand in den entstehenden Spalt hineinfährt und den Stein heraushebelt. Die zwei Ecksteine daneben kommen dann als nächstes. So läßt sich nach und nach der ganze Würfel zerlegen, bis nur noch das Gerüst der 6 Mittelsteine übrigbleibt.
Sie sehen dabei genau das einfache, aber geniale Konstruktionsprinzip des Würfels:

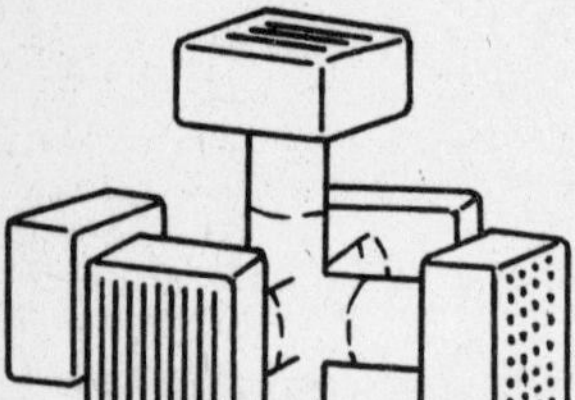

fixes Gerüst der Mittelsteine, die sich nur um ihre Achse drehen können

zweifarbige Seitensteine (Kanten)

dreifarbige Ecksteine.

Wenn Sie beim Zerlegen der letzten Seitensteine aufgepaßt haben, werden Sie sich auch beim richtigen Zusammensetzen leicht tun. Natürlich fügen Sie alle Steine dorthin, wo sie aufgrund der Mittelsteine hingehören!
Beim Zusammensetzen muß der letzte Stein wieder ein Seitenstein sein, wobei die obere Fläche wieder wie in der Skizze gedreht ist!

Achtung: Haben Sie ein »altes« Würfelmodell, bei dem die einzelnen Steine des Würfels voll sind, dann gibt es kein Problem. Das neue Würfelmodell hat aber hohle Steine und läßt sich leichter und schneller drehen. Beim Zerlegen, vor allem, wenn Sie zu Beginn die eine Fläche in der Pfeilrichtung drehen, muß man aber vorsichtig sein. Wenn man hier zu viel Gewalt anwendet, ist der Würfel sehr schnell ausgeleiert. Später kann Ihnen dann folgendes passieren: Sie drehen eine Fläche nicht ganz fertig und dann schon die nächste und auf einmal fliegen 2 oder 3 Steine davon. Also Vorsicht beim Zerlegen!

Ein Beispiel für eine Kombination

Verdrehen Sie 2 parallele Flächen um jeweils 180 Grad, dann die nächsten 2 parallelen Flächen ebenfalls um 180 Grad und schließlich die letzten 2 Flächen um 180 Grad. Sie erhalten folgendes wunderschönes Muster, das viel schwerer aussieht, als es ist:

jeder Seitenstein ist auf der Gegenseite angelangt.

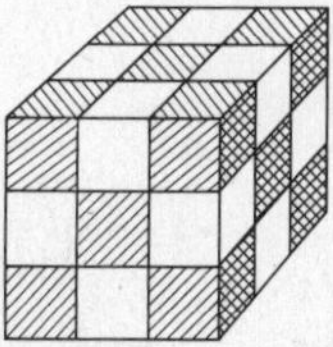

Sind Sie vielleicht schon so weit, daß Sie eine Fläche zusammenbringen? Aber so, daß auch die Seitenflächen in der obersten Schicht die richtige Farbe aufweisen, bitte!

Wie notiere ich mir Züge?

Ohne eine Möglichkeit, gefundene Züge aufzuschreiben bzw. darzustellen geht es jetzt natürlich nicht weiter.
Da gibt es zwei Möglichkeiten, eine anschauliche durch Zeichnung und eine kurze durch Buchstaben und Ziffern.
Wir werden meistens in diesem Buch die anschauliche Methode, ergänzt durch die Buchstaben-Notation, verwenden.

Aufschreiben durch Zeichnung:
Ein einfacher Pfeil bedeutet eine 90-Grad-Drehung, ein doppelter Pfeil immer eine 180-Grad-Drehung, dabei ist natürlich die Drehrichtung egal.

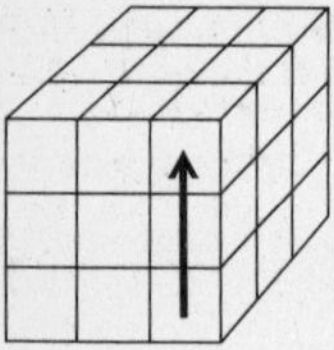

◄ Rechte Fläche in Pfeilrichtung drehen um 90 Grad (einmal)

Rechte Fläche ► drehen um 180 Grad (zweimal)

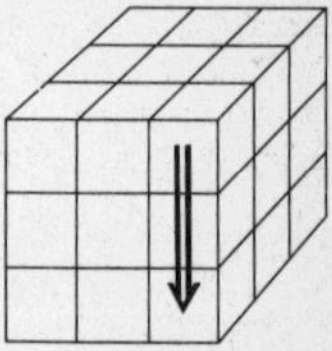

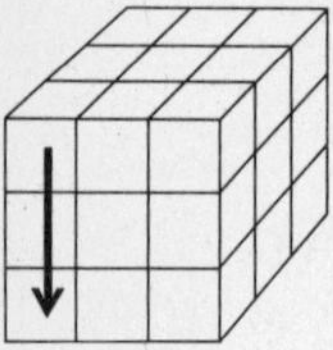

◄ Linke Fläche in Pfeilrichtung drehen um 90 Grad (einmal)

Obere Fläche ► in Pfeilrichtung drehen um 90 Grad (einmal)

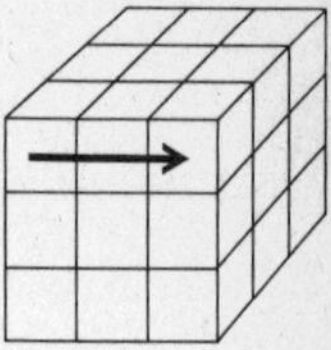

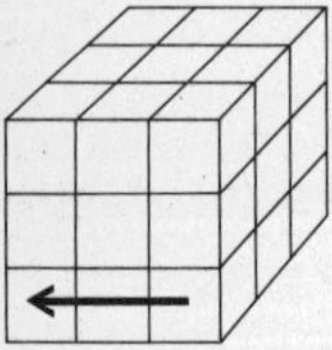

◄ Untere Fläche in Pfeilrichtung drehen um 90 Grad (einmal)

Vordere Fläche ► in Pfeilrichtung drehen um 90 Grad

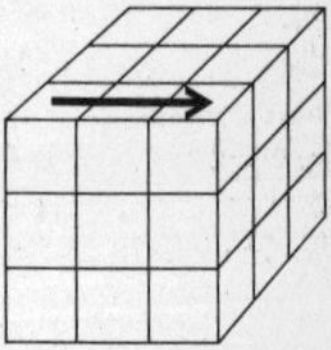

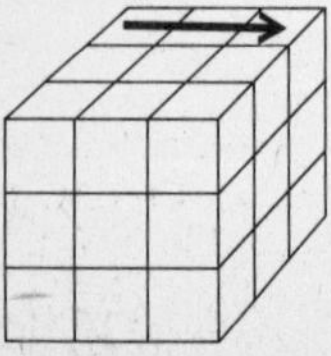

Hintere Fläche in Pfeilrichtung drehen um 90 Grad

Ein Drehen einer mittleren Fläche – z. B. zwischen rechter und linker Fläche – wird nicht als ein Zug, sondern als zwei Züge aufgeschrieben:

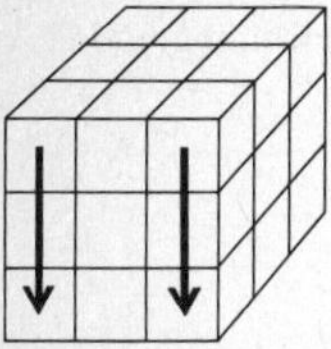

Drehen rechte Fläche, dann linke Fläche. Beide Züge werden auf einer Zeichnung dargestellt. Die mittlere Schicht des Würfels bleibt unverändert.

Achtung: Um Mißverständnisse auszuschließen, sei noch einmal betont: In 4 der 6 möglichen Dreharten wird ein Pfeil auf der Vorderseite gezeichnet, dabei ist aber nie ein Drehen der vorderen Fläche bzw. Schicht gemeint! Ein Drehen der vorderen Schicht wird durch einen Pfeil auf der oberen Fläche dargestellt:

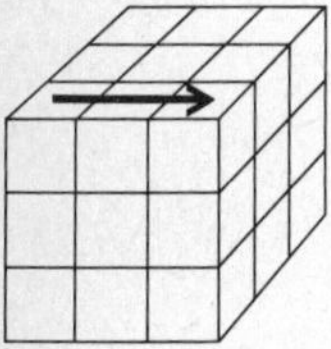

Der Pfeil ist also immer auf der Schmalseite der zu drehenden Fläche oder Schicht, nie auf dieser selbst!

Das heißt also:
vordere Fläche drehen. ▶

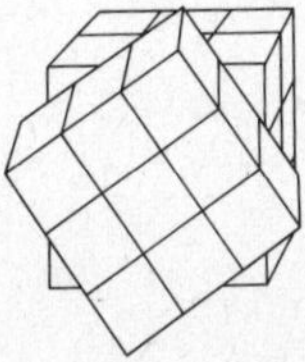

Buchstaben-Notation

Bei dieser kürzeren Aufschreibmöglichkeit gibt der Buchstabe an, welche Fläche gedreht wird:

R = rechts,	H = hinten,
L = links,	O = oben,
V = vorn,	U = unten.

Die Ziffer sagt aus, wie oft in Uhrzeigerrichtung gedreht werden soll: 1 = 90 Grad, 2 = 180 Grad (dabei spielt die Richtung keine Rolle!) und –1 = 90 Grad gegen den Uhrzeiger (sprich minus eins). Man könnte hier auch die Ziffer 3 verwenden, analog zu oben, aber das Minuszeichen drückt besser die Gegenrichtung aus.

Achtung: Die Uhrzeigerrichtung wird dadurch gegeben, daß Sie die zu drehende Fläche für sich betrachten, also rechte Fläche von rechts, linke von links, hintere von hinten ansehen etc.

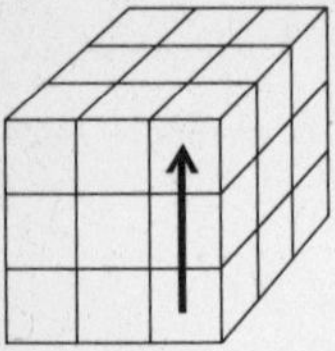

◀ R1 = rechte Fläche einmal drehen

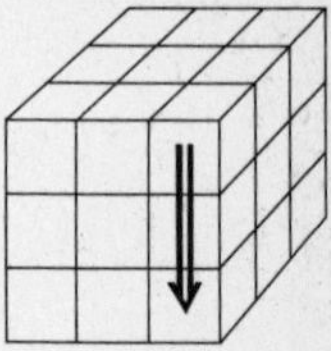

R2 = rechte Fläche ▶ zweimal drehen, Richtung egal

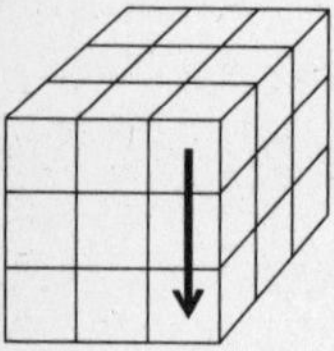

◀ R–1 = rechte Fläche einmal gegen den Uhrzeigersinn drehen

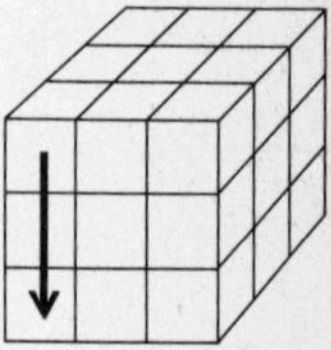

L1 = linke Fläche ▶ einmal drehen

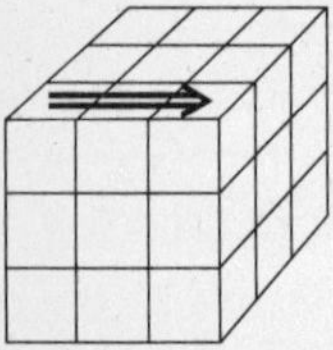

◀ V2 = vordere Fläche zweimal drehen, Richtung egal

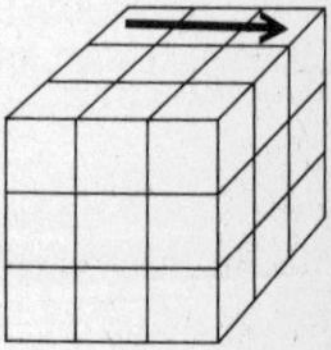

H–1 = hintere Fläche ▶ einmal gegen den Uhrzeigersinn drehen

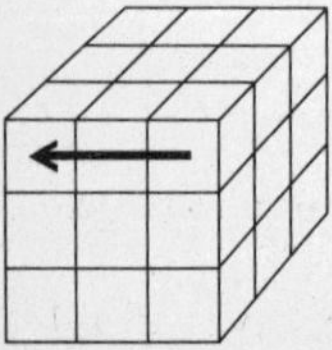

◀ O1 = obere Fläche einmal drehen

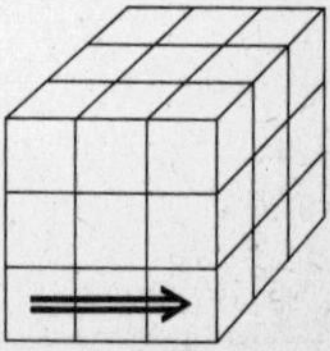

U2 = untere Fläche ▶ zweimal drehen, Richtung egal

Ein Drehen der mittleren Fläche wird wie bei der anderen Methode nicht durch einen eigenen Zug aufgeschrieben, sondern wie bei der Zeichnungs-Methode so dargestellt:

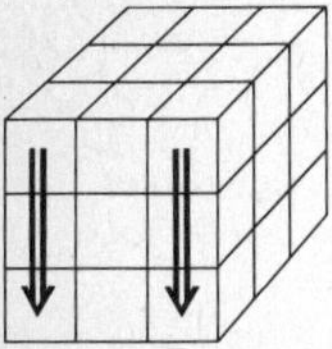

R2, L2
rechte und linke Fläche zweimal drehen, Richtung egal

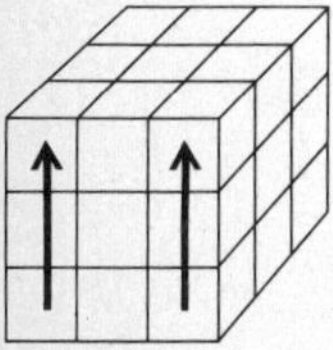

R1, L–1
rechte Fläche einmal im Uhrzeigersinn, linke Fläche einmal gegen den Uhrzeigersinn (von links betrachtet!) drehen. Die Richtung der Pfeile ist gleich.

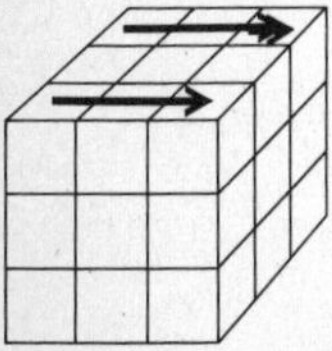

V1, H–1

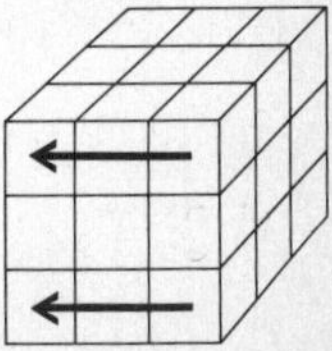

O1, U–1

In der Praxis werden wir alle Kombinationen mit beiden Arten zugleich darstellen.

Ein Beispiel für einen Zug:

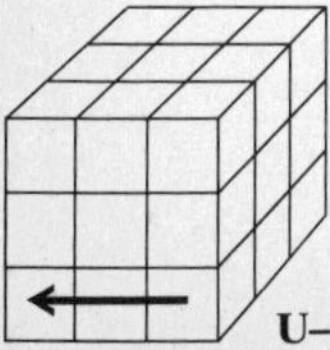

U–1

Sie können sich jetzt aussuchen:

Entweder richten Sie sich nach dem Pfeil: also untere Fläche um 90 Grad in Pfeilrichtung drehen.

Oder Sie richten sich nach der Beschriftung U–1: Sie drehen die untere Fläche einmal im Gegenuhrzeigersinn.

Drei weitere Beispiele und eine Hilfe zum Selberfinden von Zügen

Zur Übung bringen wir Ihnen hier einige einfache Kombinationen, die man recht oft sinnvoll anwenden kann, und die auch viele Leute unabhängig voneinander gefunden haben.
Der Würfel muß natürlich während der ganzen Zugfolge immer in derselben Stellung gehalten werden, z. B. Grün oben, Rot vorn. Die Farben sind hier natürlich völlig egal, es kommt nur auf die Beibehaltung der Stellung an.

Das 1. Beispiel besteht nur aus 180-Grad-Drehungen.

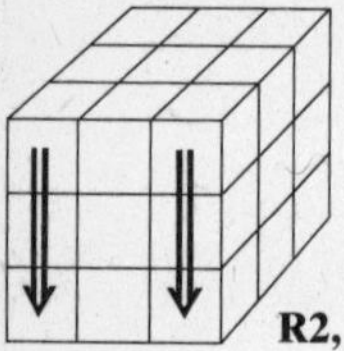

R2, L2

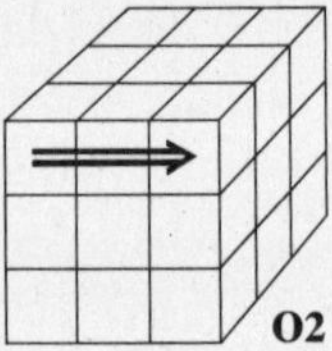

O2

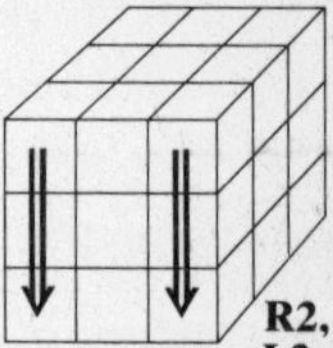

R2, L2

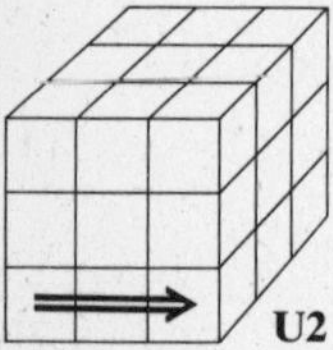

U2

Die Kombination bewirkt folgende Vertauschungen:

4 Seitensteine
wurden 2 gegen 2 vertauscht

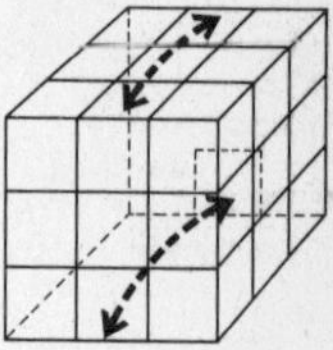

Hier ist noch folgendes interessant, was Sie vielleicht auf den ersten Blick nicht entdeckt haben:
Es hat nicht nur die Vorder- und die Hinterseite des Würfels ihr Aussehen geändert, sondern auch auf der Ober- und auf der Unterseite gab es Veränderungen. Diese können Sie besser entdecken, wenn Sie diese Folge von Würfeldrehungen auf einem stark verdrehten Würfel ausprobieren.
Will man nach dieser Kombination den Urzustand wieder herstellen, muß man die Kombination noch einmal ausführen.

Das 2. Beispiel besteht ebenfalls nur aus 180-Grad-Drehungen.

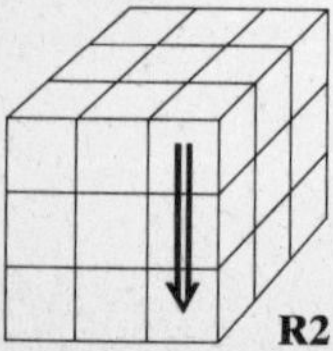

R2

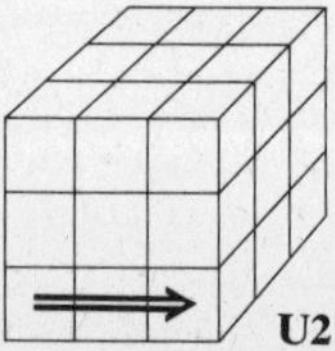

U2

Diese 2 Züge machen Sie allerdings je dreimal.

Dabei zeigt sich folgendes Ergebnis:

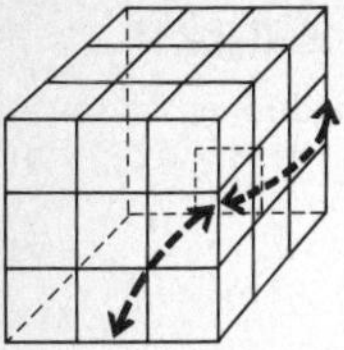

Es wurden wieder 4 Steine paarweise vertauscht.

Will man nach dieser Kombination den Urzustand wieder herstellen, genügt es, sie noch einmal durchzuführen.

Im 3. Beispiel gibt es fast nur 90-Grad-Drehungen:

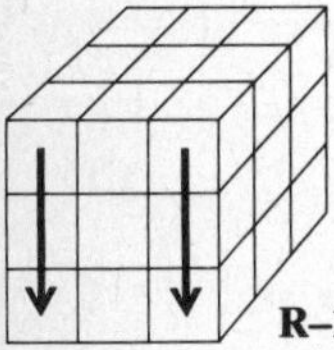

R–1, L1

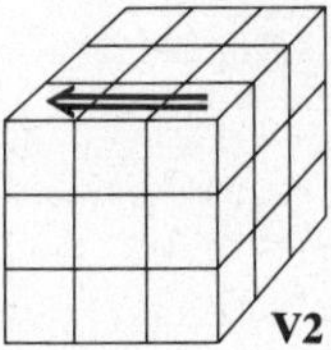

V2

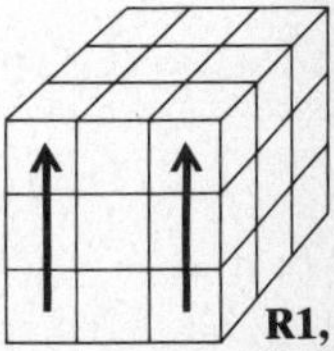

R1, L–1

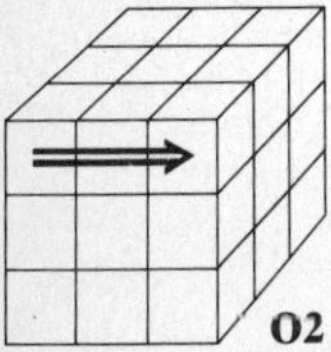

O2

Dadurch werden 3 Steine im Kreis herum vertauscht:

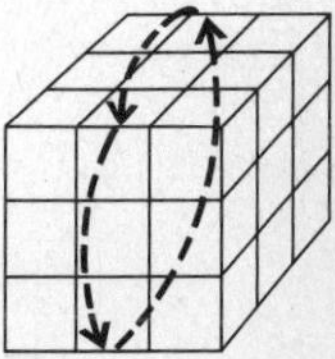

Wenn man jetzt den Urzustand wieder herstellen will, muß man die Kombination von rückwärts nach vorne, also mit dem letzten Zug beginnend und in der anderen Drehrichtung durchführen:

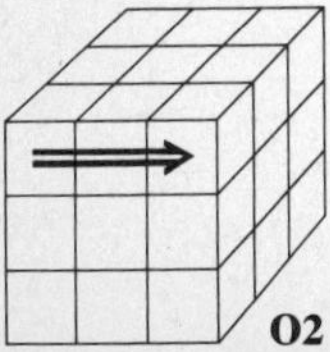

O2

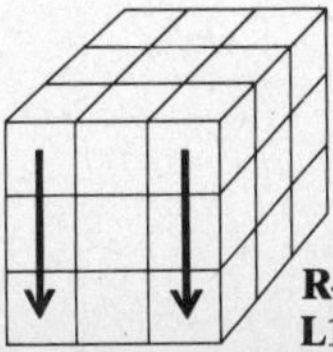

R–1, L1

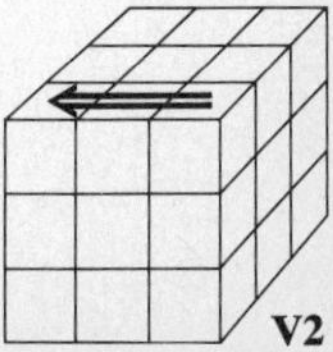

V2

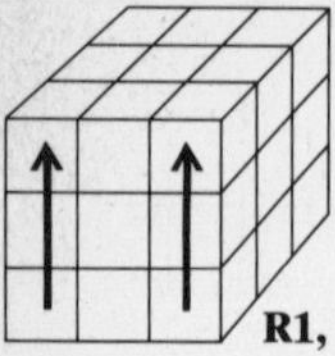

R1, L–1

Wenn man die Kombination dreimal statt einmal durchführt, kommt man natürlich ebenfalls auf den Urzustand.

Zusammengefaßt: Alle 3 Kombinationen sollten Sie entsprechend üben. Wir brauchen sie nämlich in weiterer Folge noch für verschiedene Zwecke!

Mit Hilfe von verschiedenen Überlegungen werden Sie ganz einfach selbst zu einem System zum Würfelrichten kommen können. Es wird vielleicht nicht ganz optimal sein, aber die folgenden Hinweise sollten Ihnen dazu helfen:
An den letzten drei Beispielen haben Sie gesehen, daß Sie wahlweise 3 oder 4 Seitensteine tauschen können.
Die Theorie ist jetzt folgende: »Wenn wir bestimmte 3 Steine tauschen können, können wir damit auch beliebige andere 3 Steine tauschen!« Sie können ja vor Anwendung von einer der 3 Kombinationen beliebige Steine an die für die Kombination notwendige Stelle bringen und nach der Kombination machen Sie die Einleitungszüge wieder rückgängig.
Beispiele hierfür finden Sie im Kapitel »Seitensteine richten«, aber Sie können sich auch selbst erfinderisch betätigen.

Eine weitere Möglichkeit zum Zügefinden ist folgende:
Sie beginnen natürlich mit dem gerichteten Würfel. Sie machen Züge, die etwas Sinnvolles auf der obersten Fläche erledigen, z. B. einen Eckstein drehen oder einen Seitenstein kippen. Dabei kümmern Sie sich überhaupt nicht um die darunterliegenden Steine! Würden Sie jetzt die Züge, die Sie sich natürlich aufschreiben, in der umgekehrten Reihenfolge und Richtung durchführen, wäre sowohl der untere Teil des Würfels als auch der obere Teil wieder richtig. Vorher verdrehen Sie allerdings die obere Fläche, dann erst machen Sie die Züge rückgängig. Damit ist der unterste Teil des Würfels richtig, und in der obersten Fläche wurde etwas Bestimmtes bewirkt!

Ein Beispiel:
Einen Eckstein wegbringen und anders wieder zurückbringen:

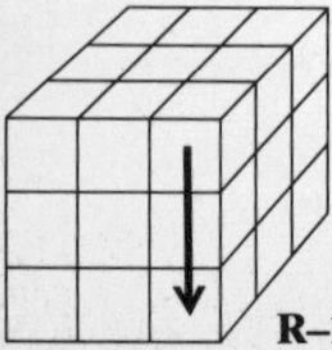

R–1

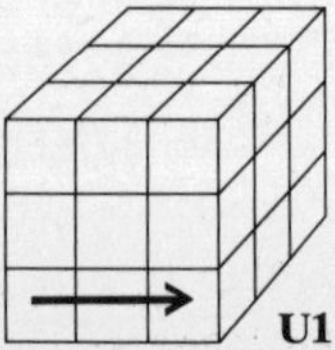

U1

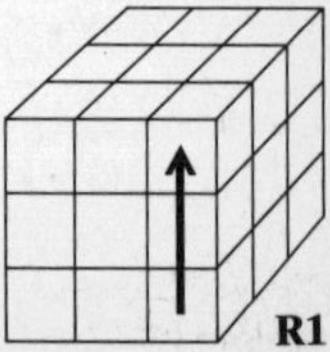

R1

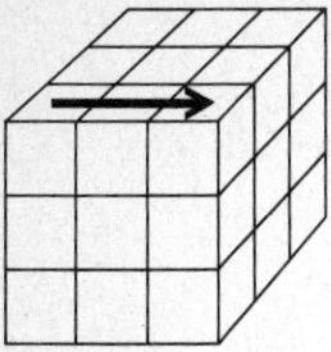

V1

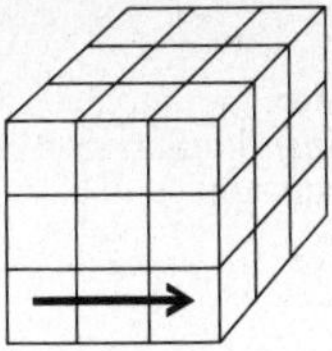

U1

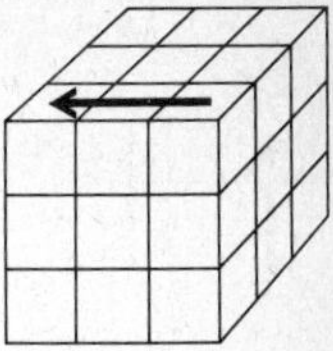

V–1

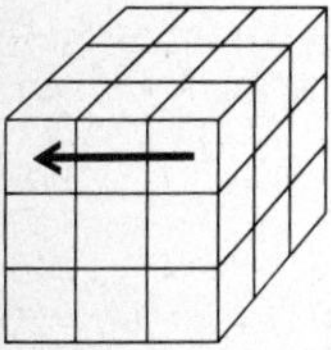

O1

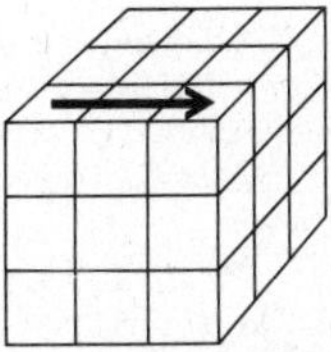

V1

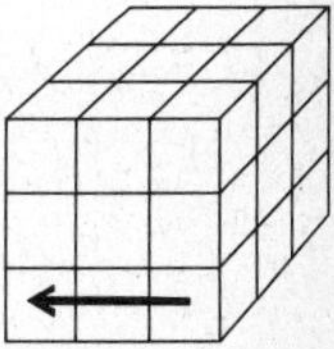

U–1

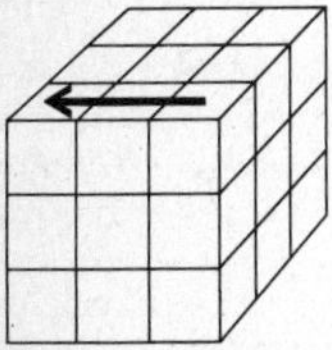

V–1

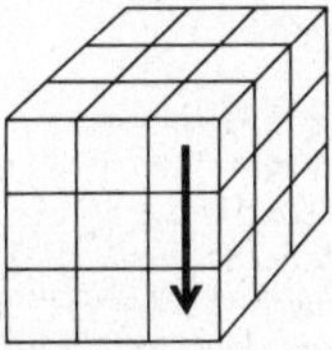

R–1

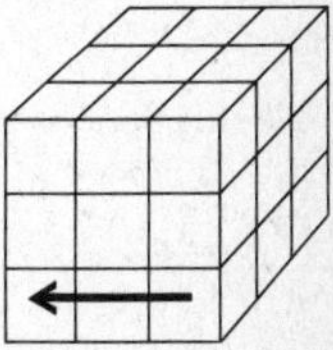

U–1

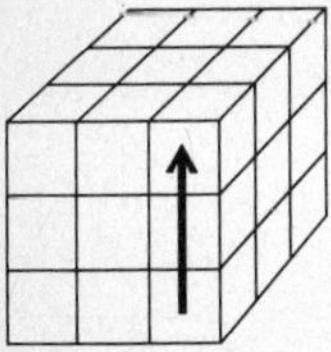

R1

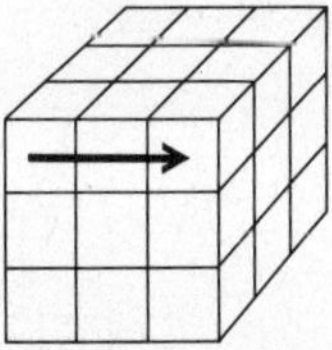

O–1

Der 7. Zug O1 ist der Zwischenzug, dann wird alles »retour« gemacht, zum Schluß kommt wieder der Zwischenzug O–1.

Das Ergebnis dieser 14 Züge:

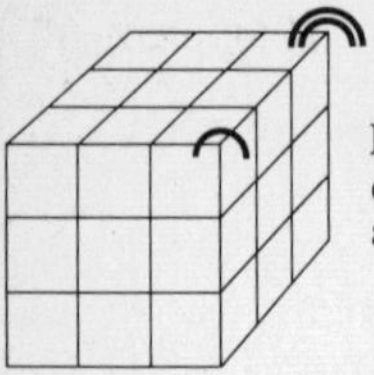

Eine Ecke einmal im Uhrzeigersinn verdreht,
eine andere zweimal,
alles andere blieb gleich.

Diese Kombination können Sie dann in der Praxis sinnvoll anwenden. Ein ähnliches Vorgehen können Sie selbst für einen Seitenstein finden.

Damit haben Sie dann bereits folgende Mittel zur Verfügung:

Ecksteine verdrehen

Seitensteine tauschen

Seitensteine verdrehen.

Zur vollständigen Beherrschung fehlt Ihnen noch das Vertauschen von Ecken. Aber hier werden Sie durch einiges Probieren sicher eine Kombination herausfinden, die 2 Ecken oder auch 3 Ecken zyklisch vertauscht. Jede der beiden Möglichkeiten genügt dann an sich, um Schritt für Schritt alle Probleme lösen zu können.

Sollten Sie jedoch nicht den Willen und die Energie aufbringen, sich selbst ein System zurechtzulegen, so lesen Sie einfach die nächsten Kapitel!

Haben Sie bereits ein eigenes System, so wird Ihnen das nun folgende aber trotzdem sehr helfen. Sie lernen damit ein ausgereiftes, sehr schnell arbeitendes System kennen, wie Sie jeden beliebig verdrehten Würfel richten können.

Das System

Mein System löst das Problem des Würfelzurückdrehens in folgenden Teilschritten:

1. Auf der 1. Fläche Seitensteine richten.

2. Auf der 1. Fläche Ecksteine richten.

3. Zweite Schicht des Würfels richten.

4. Letzte Fläche: Ecksteine an die richtige Stelle bringen.

5. Letzte Fläche: Ecksteine in die richtige Stellung drehen.

6. Letzte Fläche: Seitensteine an die richtige Stelle bringen und eventuell kippen.

Alle diese Teilschritte können Sie natürlich auch auf Ihre eigene Art lösen, da gibt es keinerlei Vorschriften. Sie dürfen so viele eigene Ideen verwirklichen, wie Sie wollen!

Die Reihenfolge der Teilschritte sollten Sie aber unbedingt einhalten, mit Ausnahme der 1. Fläche, die Sie auf beliebige Art richten können.

Richten der 1. Fläche

Seitensteine richten

Wenn Sie die 1. Fläche schon selbst richten können, dann können Sie natürlich auch schon dieses und das nächste Kapitel überlesen.
Aber bedenken Sie: Es muß die 1. Fläche nicht nur auf der Oberseite stimmen, sondern auch »rundherum«:

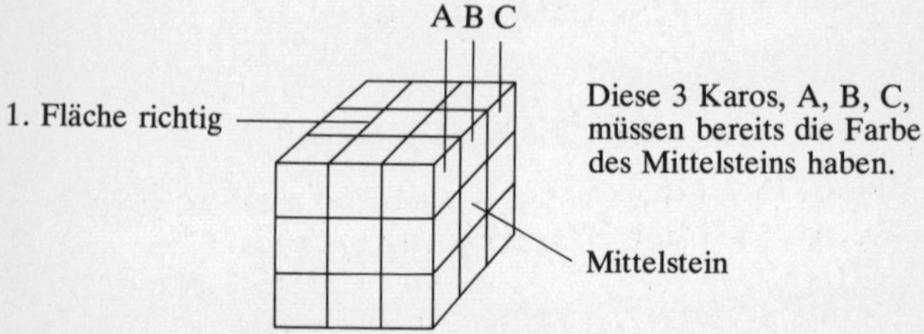

Wenn Sie es vielleicht schon beherrschen, eine Fläche zu richten, aber dabei nicht auf die Seitenflächen geachtet haben, dann müssen Sie jetzt umdenken: Bevor Sie einen Stein an seine Stelle in der obersten Schicht bringen, müssen Sie sich vergewissern, daß er auch wirklich an diese Stelle gehört. Bei einem Seitenstein muß also wie bei B in der Skizze die seitliche Farbe bereits mit dem Mittelstein übereinstimmen. Es hätte wenig Sinn, den Seitenstein an eine andere Stelle der obersten Schicht zu bringen.
Zur Klarheit sei noch einmal vermerkt, daß Seitensteine immer nur an die Seiten rutschen können, Ecksteine immer nur an die Ecken!
Es ist im übrigen völlig egal, mit welcher Fläche Sie beginnen. Wir beginnen eben mit der oberen Fläche, die Farbe können Sie sich aussuchen. Es werden alle 4 Seitensteine in der Farbe des oberen Mittelsteins hinaufgebracht.
Dabei kümmern wir uns noch in keiner Weise um die Ecksteine!
1. Ist ein Seitenstein schon in der oberen Fläche, und zwar mit der richtigen Farbe nach oben, dann brauchen Sie ihn nur mehr so hinzudrehen, daß die 2. Farbe dieses Steins über dem richtigen Mittelstein liegt.

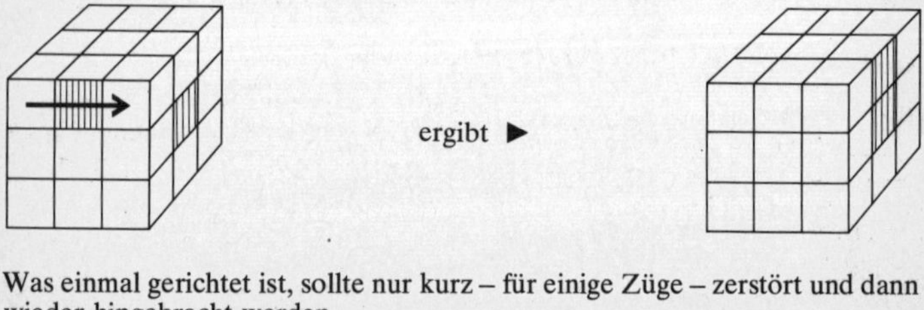

Was einmal gerichtet ist, sollte nur kurz – für einige Züge – zerstört und dann wieder hingebracht werden.

2. Ist ein zur 1. Fläche gehörender Seitenstein schon »oben«, aber mit der falschen Fläche nach oben oder am falschen Platz, also so:

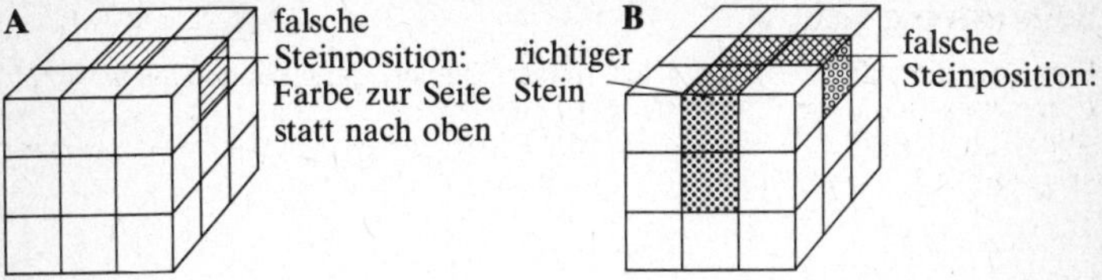

Farbe oben stimmt, Farbe an der Seite stimmt nicht mit Mittelstein überein,

dann drehen Sie einfach den falschen Stein um 180 Grad nach unten, bringen ihn also in die unterste Schicht. Dies gilt für beide obigen Fälle:

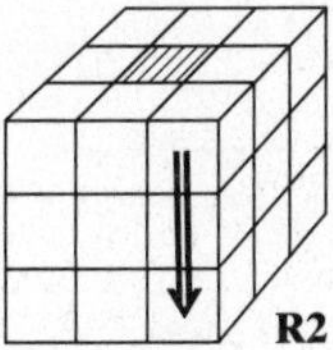

Das Ergebnis sieht dann in den beiden Fällen so aus:

A

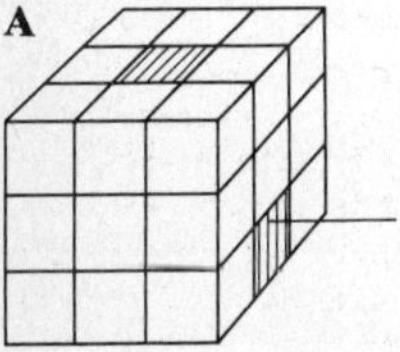

Jetzt liegt der Stein, den wir richten wollen, genau unter seinem vorigen Platz!

B

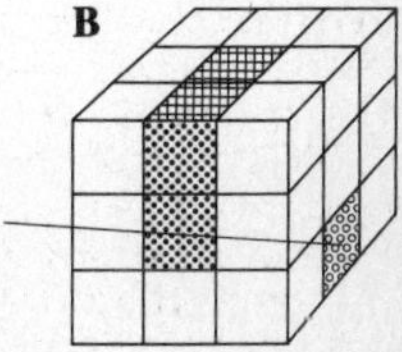

Wie diese beiden Fälle weiter behandelt werden müssen, folgt etwas später.

3. Ist ein gesuchter Seitenstein in der Schicht darunter:

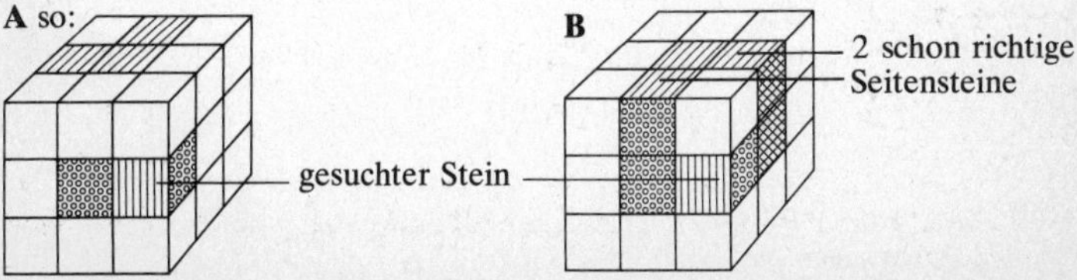

. . ., dann drehen Sie ihn im Falle A einfach wieder in die unterste Schicht:

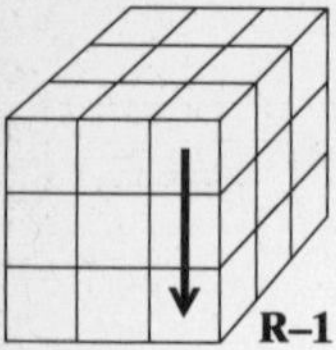

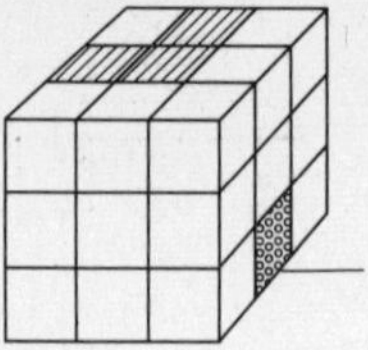

Damit kommt der Stein in die unterste Schicht:

Im Fall B ist zu beachten, daß die 2 schon richtigen Seitensteine nicht zerstört werden dürfen.

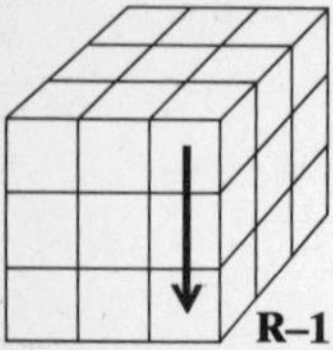

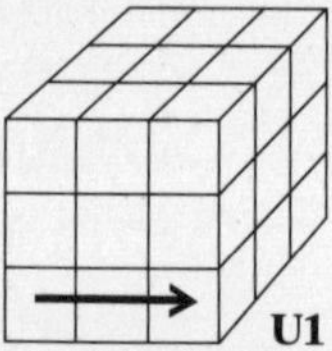

(oder U2 oder U–1) damit der Stein nur »wegkommt«

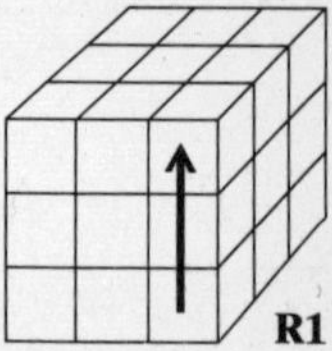

damit der schon richtig gewesene Stein wieder zurückkommt

Das Ergebnis:

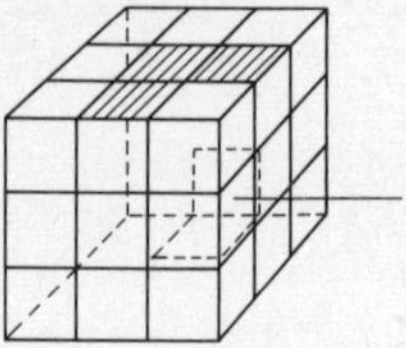

Der Stein ist unten (und hinten) gelandet.

Wie in diesen beiden Fällen weiter vorzugehen ist, folgt im nächsten Punkt.

Mit diesen beiden »Zugfolgen« kommen Sie immer gut zurecht. Es gibt aber eine – in manchen Fällen – schnellere Art, nämlich einen Stein aus der 2. Schicht direkt in die oberste und dabei an seinen richtigen Platz zu bringen: Sie müssen nur die obere Fläche mit dem zu belegenden Platz richtig herumdrehen, so daß man den gesuchten Stein auf kurzem Weg hinaufdrehen kann, dann die obere Fläche wieder zurück. Aber das können Sie durch eigenes Ausprobieren feststellen und dann eventuell in Ihr Repertoire aufnehmen:

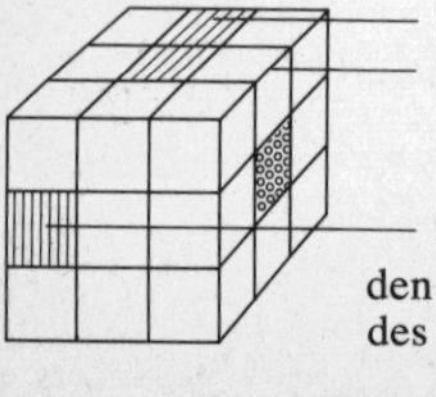

schon richtig

z. B.: hier ist der Platz

für diesen Stein (»Gesicht« nach vorne)

den richtigen Platz erkennen Sie natürlich an der 2. Farbe des Seitensteins, die zum richtigen Mittelstein passen soll.

Hier gehen Sie folgendermaßen vor:

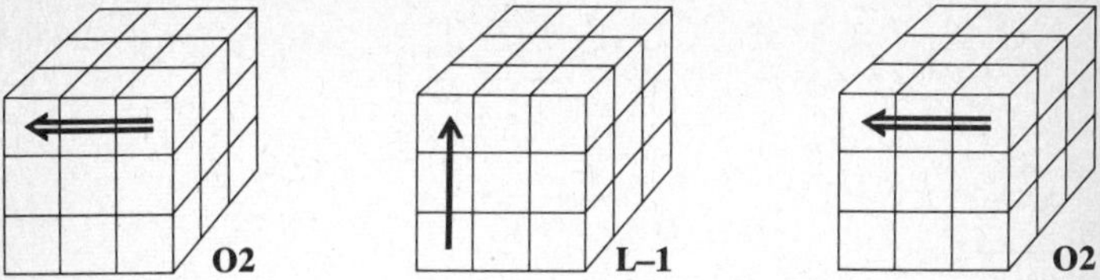

Das Ergebnis ist dann folgendes:

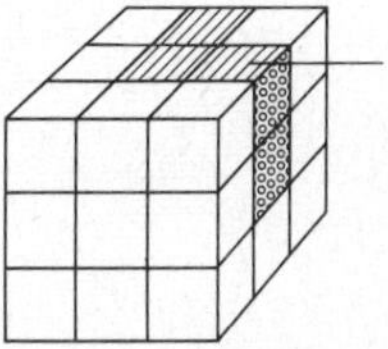

Der Stein ist an seinem richtigen Platz.

Um genau entdecken zu können, was bei allen diesen Kombinationen passiert, können Sie sie auch bei einem völlig gerichteten Würfel ausprobieren! Dann haben Sie immer, wenn Sie eine Kombination brauchen, die richtige schon im Kopf.

4. Ist ein gesuchter Seitenstein in der untersten Schicht, Sie haben ihn z. B. soeben dorthin gebracht, kann dies auf zwei Arten möglich sein:

A

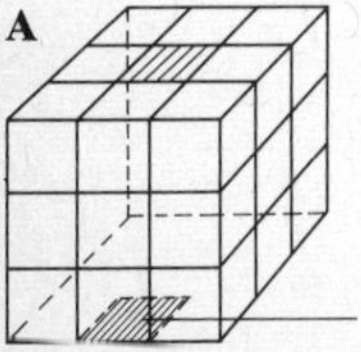

mit dem »Gesicht«, der richtigen Seite nach unten oder nach vorne.

B

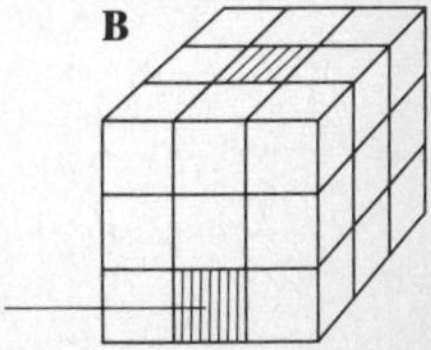

Im Fall A haben Sie es sehr leicht: Zunächst müssen Sie erkennen, an welche Stelle der obersten Fläche der zu behandelnde Stein kommen soll. Das erkennen Sie natürlich wieder auf Grund der 2. Farbe des Seitensteins, die nur zu einem bestimmten Mittelstein passen kann.
Daher drehen Sie die unterste Fläche so, daß der Stein genau unter seinen später richtigen Platz kommt. Nach einer solchen Drehung sieht das Problem so aus:

richtiger Platz

für diesen Stein

Jetzt brauchen Sie nur noch mit einem Zug den Stein hinaufzudrehen. ▶

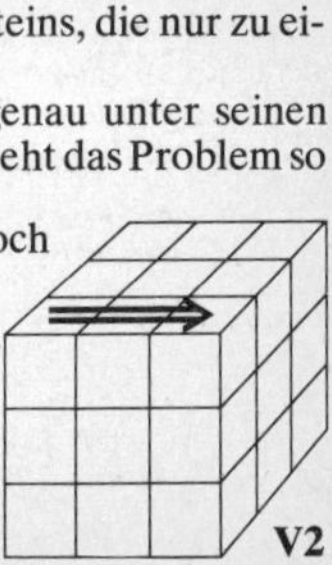

Das Ergebnis sieht dann so aus:

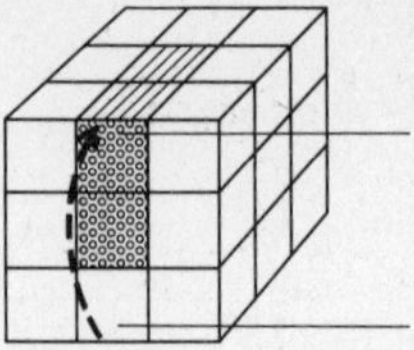

Wenn der Würfel wie im Fall B gedreht ist, ist es schon ein wenig schwieriger. Wieder müssen wir zuerst erkennen, zu welchem Mittelstein der Seitenstein auf Grund seiner 2. Farbe paßt. Diesmal muß die unterste Fläche so gedreht werden, daß der Stein dann nicht unter seinem Platz, sondern einen Platz daneben – egal ob rechts oder links – wartet:

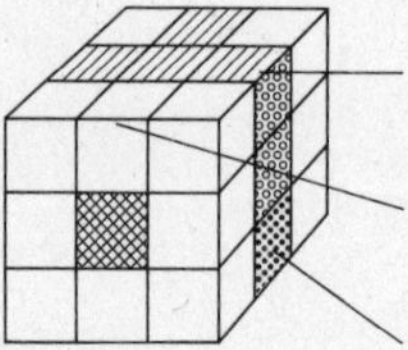

Sie machen jetzt folgende Züge:

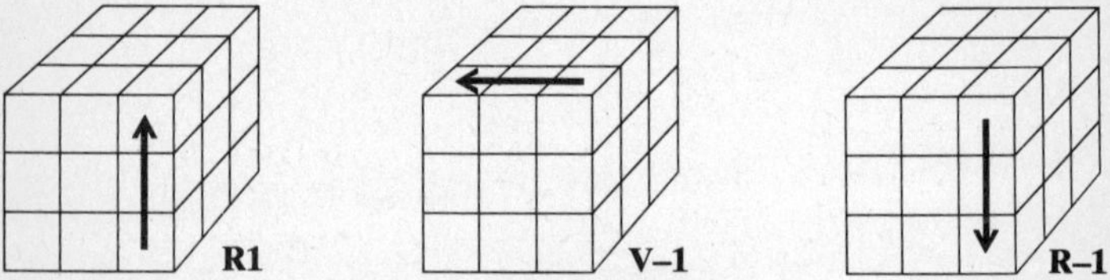

Das Ergebnis sieht so aus:

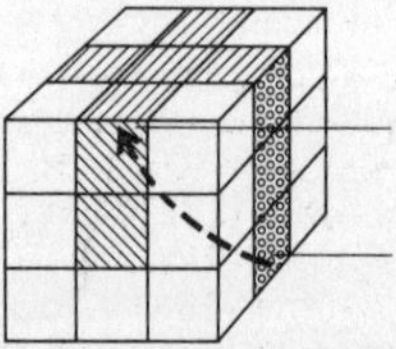

Der letzte der 3 Züge (R–1) diente nur dazu, einen der schon vorher richtigen Steine wieder hinzubringen. War dort noch kein Stein, dann können Sie natürlich den letzten Zug weglassen.

Der Vollständigkeit halber hier die Zugfolge, falls Sie einen Stein unten links von seinem Platz warten lassen wollen:

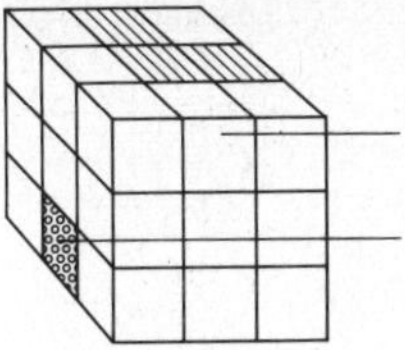

Die 3 Züge dazu:

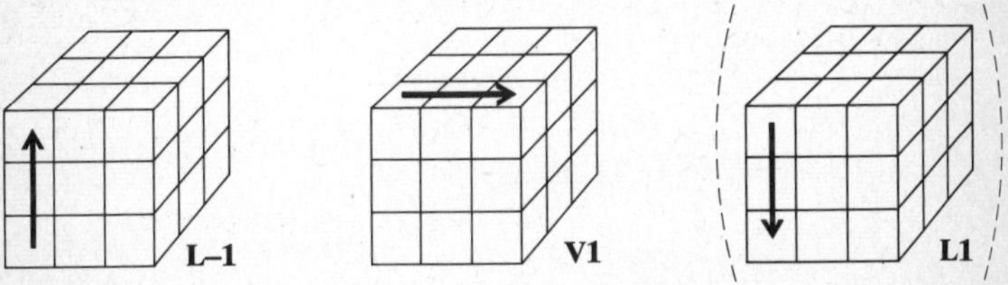

(brauchen Sie diesmal nicht, weil kein schon richtiger Stein zu korrigieren war.)

Das Ergebnis:

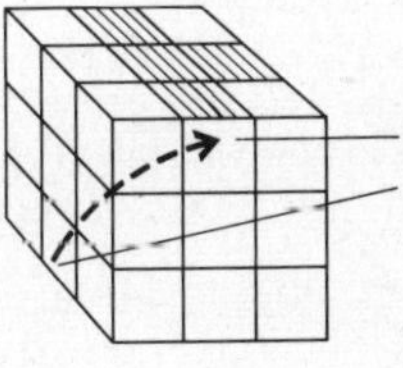

Bei einigem Üben wird das Richten der Seitensteine recht bald klappen und Ihnen dann sehr schnell von der Hand gehen. Man kann natürlich während des Richtens der Seitensteine auch darauf achten, keine bereits richtigen Ecksteine zu zerstören. Dann ist man wahrscheinlich in ein paar Zügen weniger fertig. Das ist aber nicht notwendig – das Einfache geht ja meist schneller als das Komplizierte. Mit anderen Worten: Eine gute Reaktion bringt Sie schneller zum Ziel, als das Finden der optimalen Zügezahl.

Wenn Sie jetzt alle 4 Seitensteine an ihren richtigen Platz gebracht haben, dann können Sie zum Richten der Ecksteine – nächstes Kapitel – weitergehen!

Ecksteine richten

Bevor Sie einen Eckstein in die oberste Fläche bringen, müssen Sie selbstverständlich prüfen, ob er auch an seinen richtigen Platz kommt.
Es muß ja nicht nur die Oberseite, sondern es sollen auch die beiden anderen Flächen des Ecksteins mit den entsprechenden Mittelsteinen übereinstimmen.

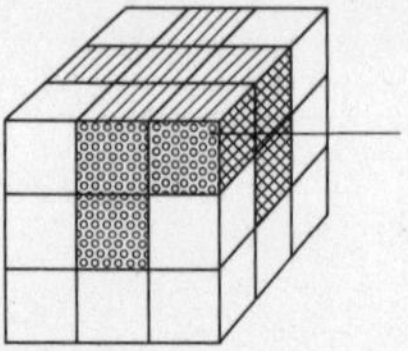

Ein Eckstein kann sich an verschiedenen Stellen befinden: Er wartet entweder in der untersten Schicht oder er ist schon »oben«, aber nicht an seinem richtigen Platz oder nicht richtig gekippt:

1. Ein Eckstein wartet unten mit dem Gesicht zur Seite:

A

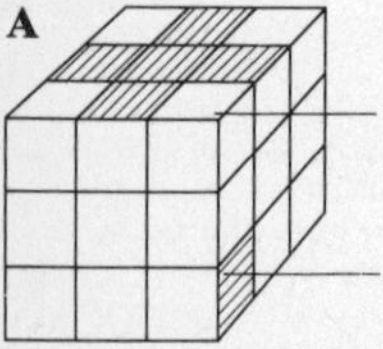

B

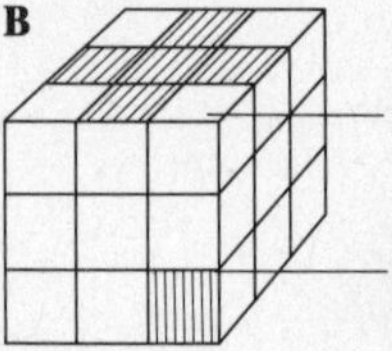

In beiden Fällen kann es jeweils notwendig sein, daß Sie die unterste Fläche zunächst so drehen, daß der gesuchte Eckstein unter seinen zukünftigen Platz gelangt. Damit haben Sie dann eine der beiden obigen Stellungen erreicht und können darangehen, den Eckstein hinaufzubringen:

Im Fall A gehen Sie so vor:

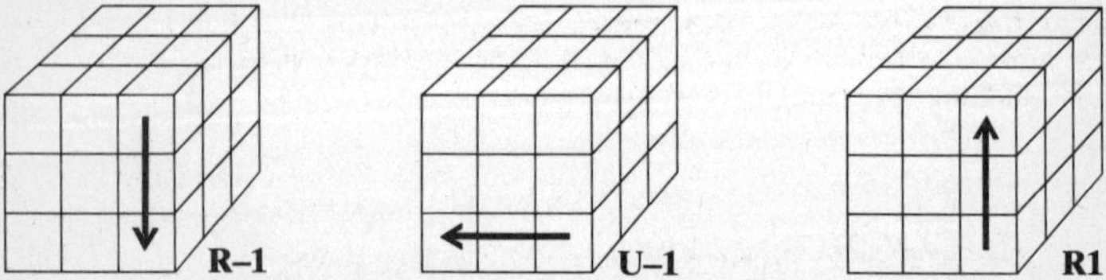

Sie sollten aber diese 3 Züge nicht nur auswendig wissen, sondern dabei genau beobachten, was dabei mit dem hinaufzubringenden Stein passiert. Dann verstehen Sie diese Zugfolge nämlich richtig und können sie ganz automatisch anwenden!

Das Ergebnis ist folgendes:

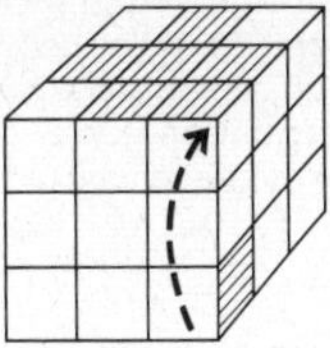

Der Stein ist hinaufgewandert

Im Fall B geht es analog:

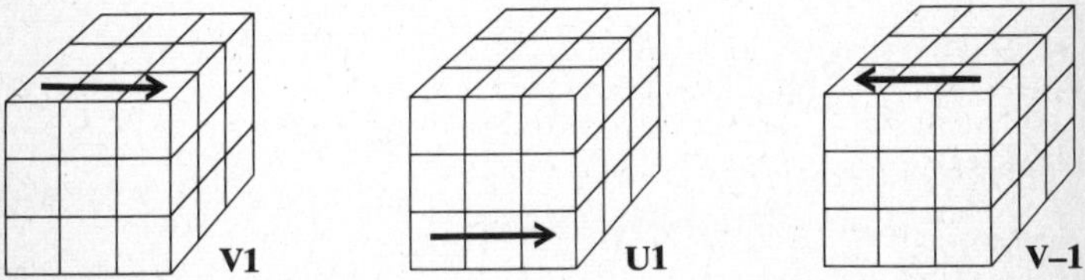

Wieder sollten Sie zum besseren Verständnis genau beobachten, was mit dem hinaufzubringenden Stein passiert. Das Ergebnis ist folgendes:

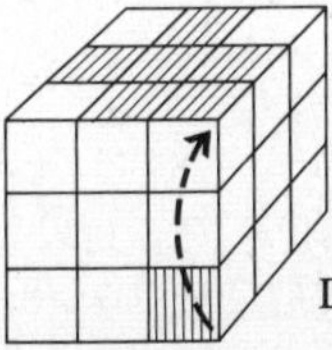

Der Stein ist hinaufgewandert

Für beide Fälle gibt es – der Vollständigkeit halber – auch eine zweite Lösung: Der hinaufzubringende Stein wartet allerdings jetzt nicht unter seinem Platz, sondern einen Platz daneben. Dort müssen Sie ihn natürlich meist erst durch Drehen der unteren Fläche hinbringen.

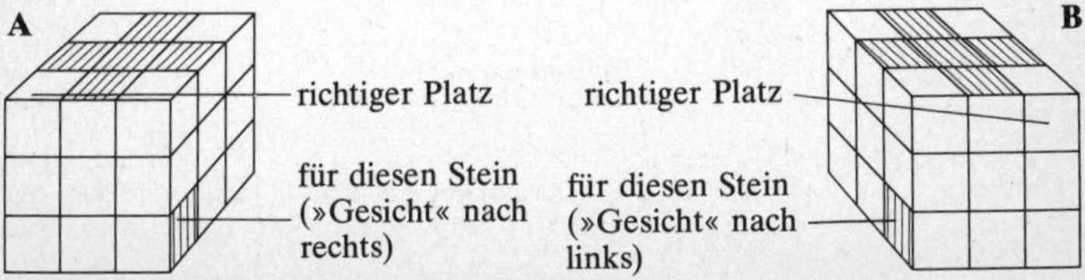

Bei A gehen Sie so vor:

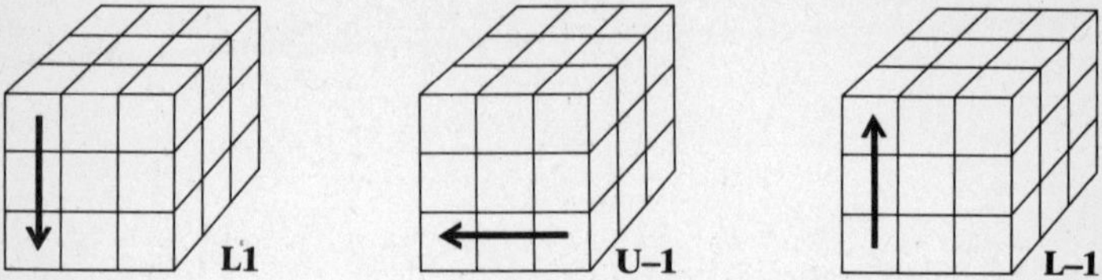

Das Ergebnis:

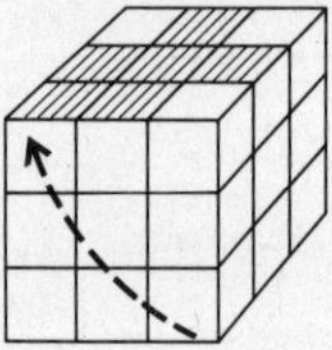

Der Stein ist hinaufgewandert.

Bei B natürlich analog:

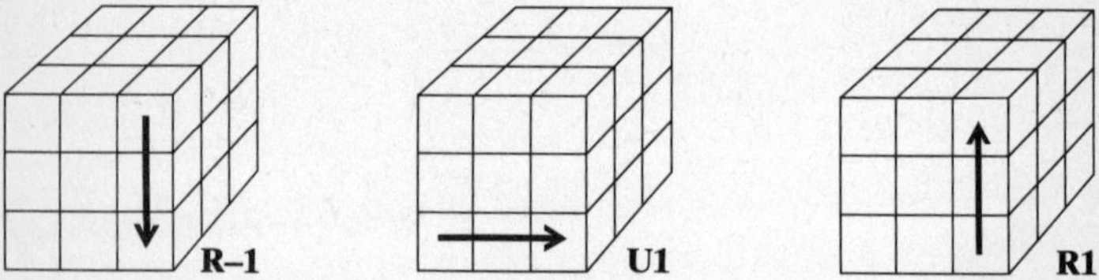

Das Ergebnis:

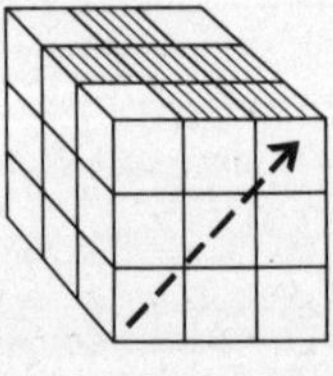

Der Stein ist hinaufgewandert

Von den letzten vier Kombinationen können Sie die für den jeweils zu lösenden Fall notwendige anwenden.

2. Ein Eckstein wartet unten, aber mit der gesuchten Fläche nach unten:

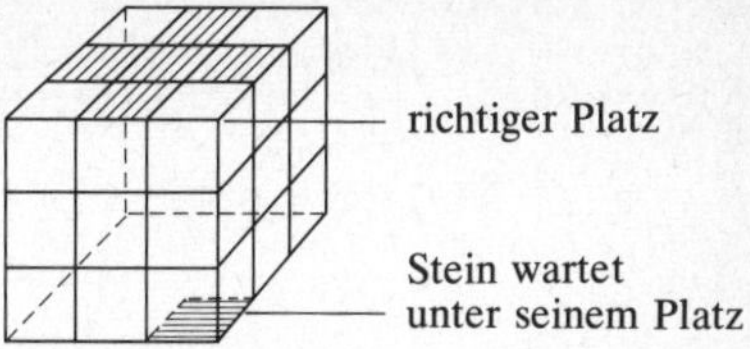

Als Lösung dieses Problems ergibt sich das sogenannte »Untendurchdrehen«; aber laut Skizze werden Sie es leichter erfassen!

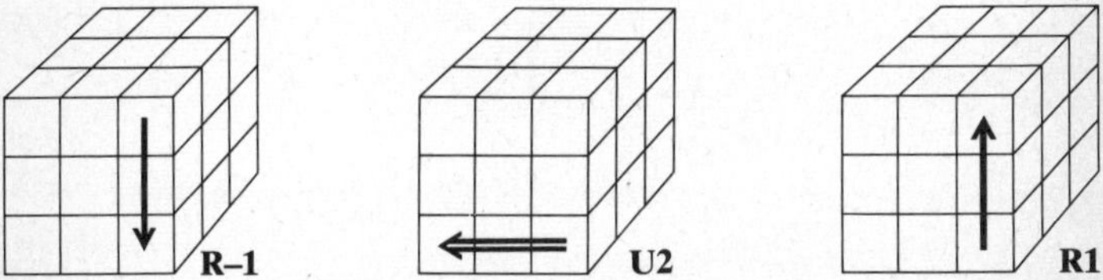

Mit dem 3. Zug ist eine Stellung erreicht, die mit Punkt 1 gelöst werden kann.

dann

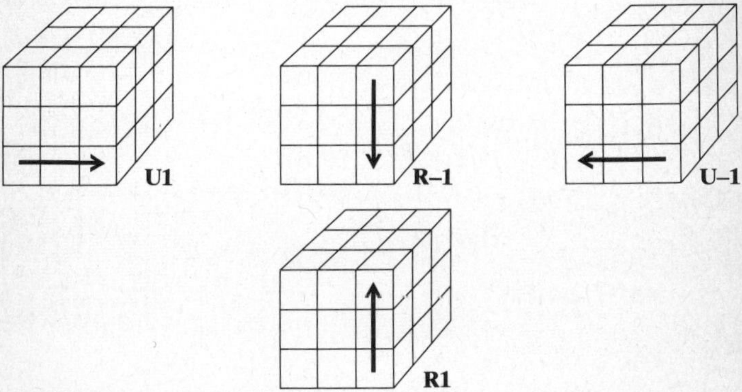

Natürlich hätte man für diese Lösung des Problems auch mit der vorderen Fläche, statt der rechten, beginnen können.

3. Ist ein Eckstein bereits in der oberen Fläche, aber nicht mit der richtigen Fläche nach oben, oder am falschen Platz, so bringen Sie ihn zunächst einmal weg, d. h. Sie bringen irgendeinen Stein mit einer Kombination aus Punkt 1 dorthin – vielleicht sogar den richtigen. Damit verschwindet der falsche Stein und Sie können ihn an der richtigen Stelle unterbringen.

So können Sie nach und nach die 4 Ecksteine an ihren Platz in der obersten Fläche bringen, bis die 1. Fläche fertig ist!

Richten der 2. Schicht

Nun kann man zunächst schauen, ob sich einer oder mehrere Steine durch eine der einfachen Kombinationen aus dem Kapitel »Drei Beispiele« richten lassen.

Das funktioniert dann, wenn die gesuchten Steine schon in der 2. Schicht sind, aber nicht am richtigen Platz.

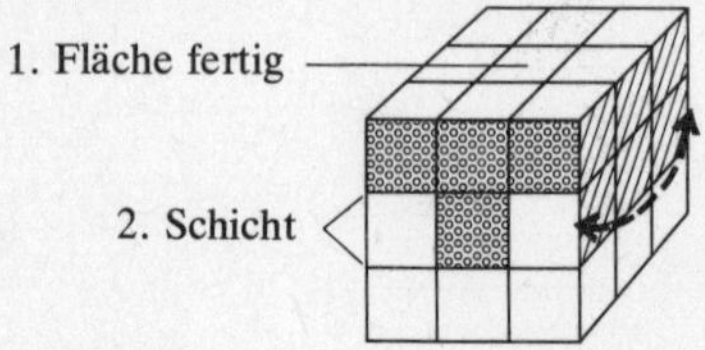

Wenn man diese 2 Steine tauschen will, kann man z. B. folgende Kombination machen:
R2, U2, R2, U2, R2. Der sechste Zug U2
kann wegbleiben, er betrifft ja nur mehr die untere Fläche.

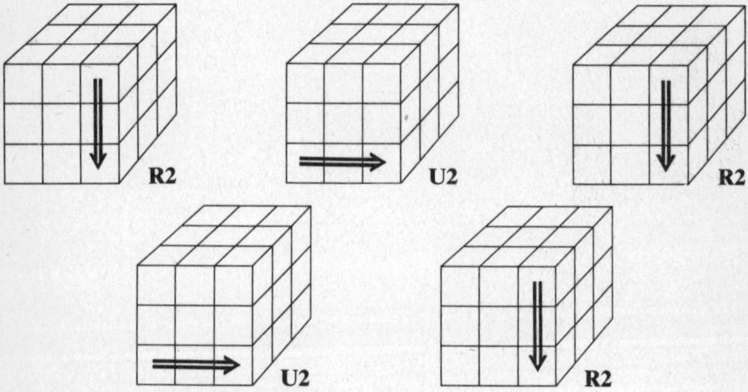

Um aber einen Stein aus der untersten Schicht in die 2. zu bekommen, gibt es eine eigene Zugfolge:

Diese Kombination ergibt sich aus dem Richten der Ecksteine im vorigen Kapitel (Punkt 1A und B). Wenn man nämlich einen Eckstein auf eine der möglichen Arten (es gibt deren 4) wegbringt und auf eine andere Art wieder zurückbringt (für das Zurückbringen bleibt nur diese »andere« Art), dann wird dadurch der Seitenstein unter dem Eckstein ausgewechselt. Dabei kann man beobachten, welcher der Steine aus der untersten Schicht in die 2. wechselt und diese Kombination dann sinnvoll anwenden.

1. Eine von mehreren möglichen Zugfolgen lautet:

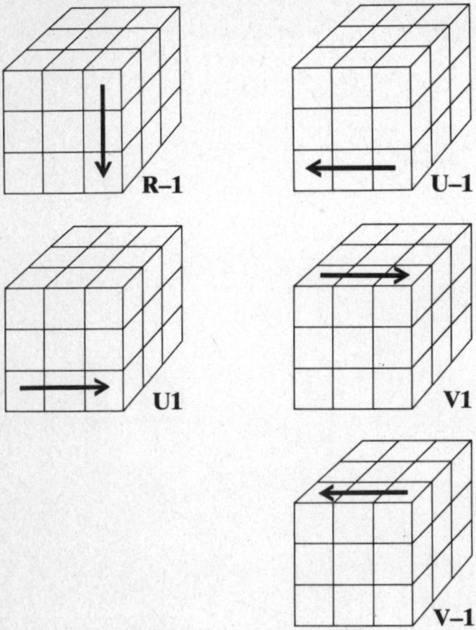

Das Ergebnis ist folgendes:

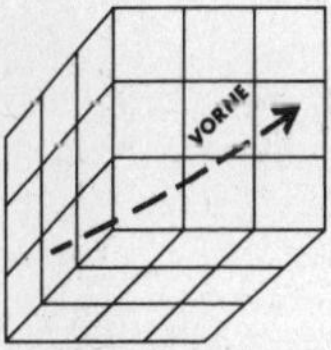

Ein Stein kommt von der linken Seite der unteren Schicht in die 2. Schicht. Dabei kommt die zuerst **links** gewesene Farbe nach vorne.

Vor Anwendung dieser Zugfolge muß man meistens die untere Fläche entsprechend drehen, damit der gewünschte Stein auf der linken Seite liegt.

Bei dieser Kombination wird dadurch die untere Fläche vollständig »zerstört«.

2. Sie brauchen natürlich noch eine Zugfolge, die einen Stein aus der untersten Schicht in die 2. Schicht bringt, wobei die zuerst **unten** gewesene Farbe dieses Steins nach vorne kommt.

Dies ist die vorige Zugfolge in umgekehrter Form:

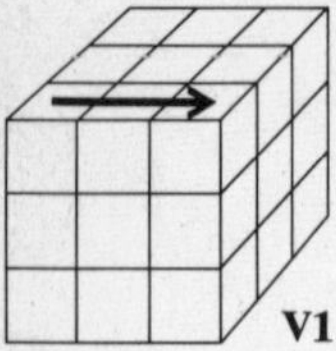
V1

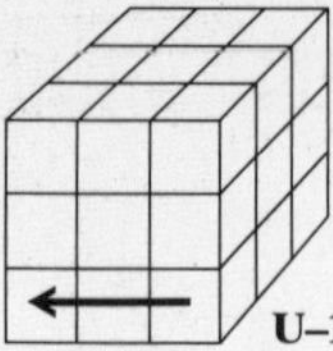
U–1

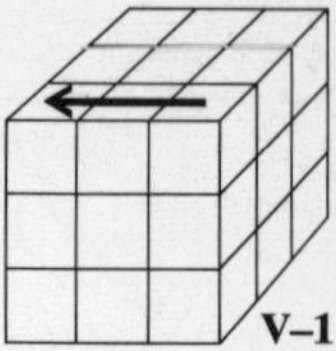
V–1

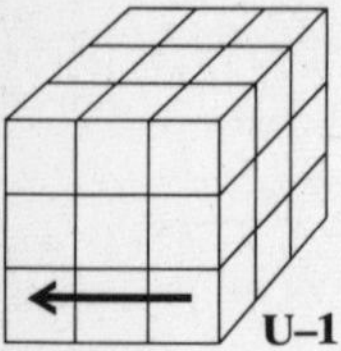
U–1

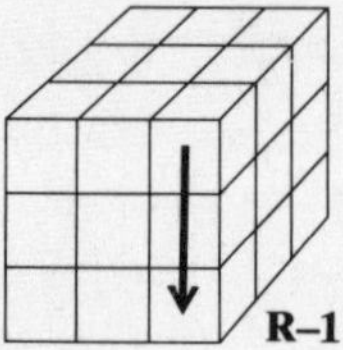
R–1

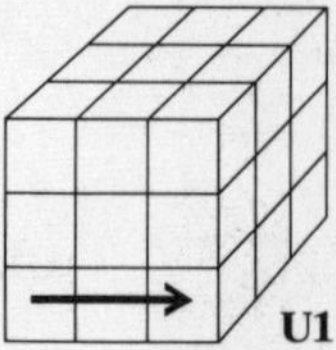
U1

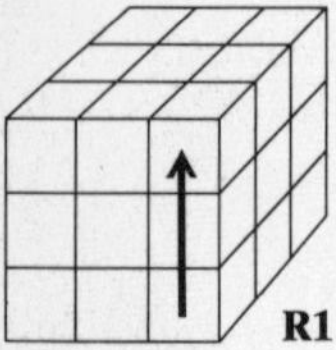
R1

Das Ergebnis:

Der hintere Stein kommt mit der **unten** gewesenen Farbe nach vorne. ▶

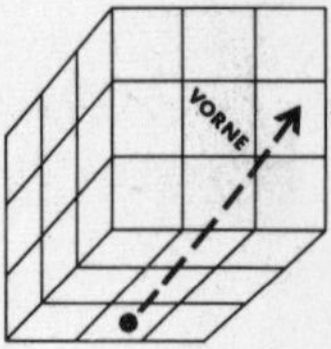

Es kann auch noch vorkommen, daß ein Stein bereits an seinem richtigen Platz in der 2. Schicht, aber gekippt ist. Dann müssen Sie ihn zuerst mit einer der beiden letzten Kombinationen wegbringen, d. h. einen anderen Stein hinbringen und ihn dann erst richtig hinbringen.

Sie haben also jetzt 2 Kombinationen zur Verfügung, die einen Stein der untersten Schicht in die 2. bringen können. Die beiden Zugfolgen unterscheiden sich nur dadurch, daß einmal die unten gewesene und einmal die links gewesene Farbe nach vorne kommt – in beiden Fällen nach rechts vorne!

Sie können sich also wahlweise eine der beiden aussuchen – müssen aber in den meisten Fällen die unterste Fläche entsprechend herumdrehen, damit der zu bewegende Stein die richtige Ausgangsposition für die betreffende Kombination einnimmt! Den zu bewegenden Stein erkennen Sie daran, daß seine beiden Farben an den zu richtenden Platz passen. Wir betrachten ja z. B. in der letzten Zeichnung immer einen ganzen Stein, der auf dem durch den Pfeil gezeigten Weg befördert wird. Es kann Ihnen also nicht passieren, daß Sie nur die Vorderseite richten und dabei die rechte vergessen.

Noch ein Beispiel dazu:

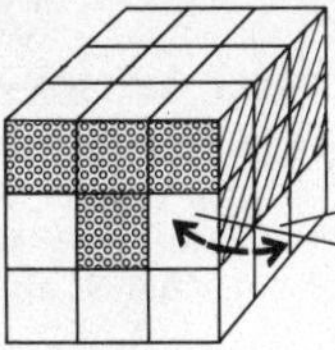

1. Schicht fertig

dieser Stein soll

hierher.

Sie drehen ihn jetzt mit einem Zug

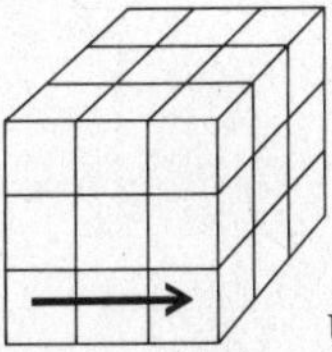

nach hinten.

U1

Die letzte Schicht können Sie ja noch beliebig verdrehen, ohne die 1. oder 2. zu zerstören! Und nun können Sie die zuletzt gezeigte Kombination anwenden!

Ein weiteres Beispiel:

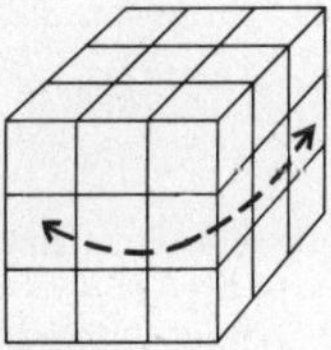

2 Seitensteine sind schon in der 2. Schicht, aber genau diagonal vertauscht.

Hier bringen Sie einfach mit einer der beiden Zugfolgen einen Stein weg, dann können Sie ihn ganz normal an die richtige Stelle befördern, und der zweite kann dann genauso hinaufwandern. So werden Sie sicher Schritt für Schritt alle 4 in der 2. Schicht nötigen Seitensteine an ihren Platz bringen können; die Mittelsteine sind ja schon richtig. Damit haben Sie dann die 2. Schicht bewältigt.

Damit können Sie den Würfel bereits soweit richten, daß nur mehr die letzte Fläche fehlt. – Das ist aber nun das Schwerste.

Letzte Fläche

Ecken an die richtige Stelle bringen: zwei Arten

Zunächst muß man die Ecksteine an die richtige Position bringen, ohne Rücksicht darauf, ob sie dort auch richtig gedreht ankommen. – Jeder Eckstein kann ja auf 3 Arten an seinem Platz sein, von denen aber nur eine Art richtig ist. Um die Ecksteine an die richtige Stelle zu bringen, genügt es, eine der beiden folgenden Kombinationen anzuwenden:
Unter »letzte Fläche« ist immer die noch nicht gerichtete Fläche oder Schicht zu verstehen.

A

Tauschen von 2 Steinen:

Bei dieser Kombination muß die letzte Fläche die vordere sein.

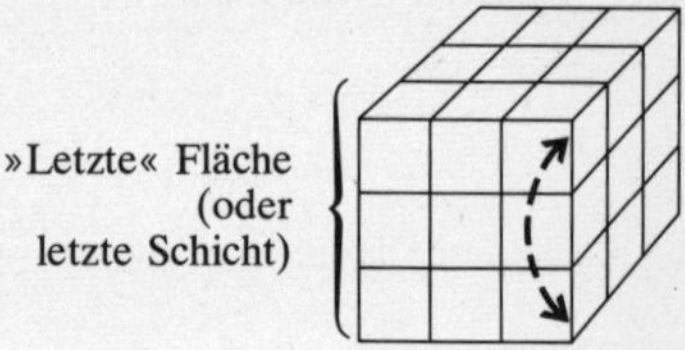

B

Tauschen von 4 Steinen paarweise:

Bei dieser Kombination ist die letzte Fläche die rechte.

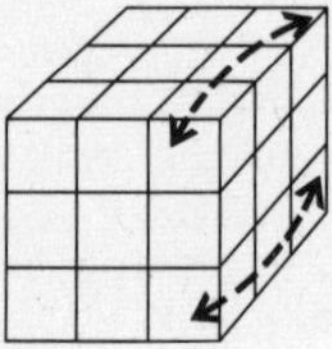

Vor Anwendung einer der beiden Zugfolgen muß man die letzte Fläche folgendermaßen verdrehen (1 Zug):
Auf zwei nebeneinander liegenden der vier Ecksteine kommt zwangsläufig dieselbe Farbe vor, damit ist natürlich nicht die Farbe gemeint, die die letzte Fläche haben soll.
Man dreht die letzte Fläche jetzt so, daß die beiden Ecksteine genau dort landen, wo die entsprechende Farbe auf sie wartet.

Das sieht dann z. B. so aus (letzte Fläche vorne):

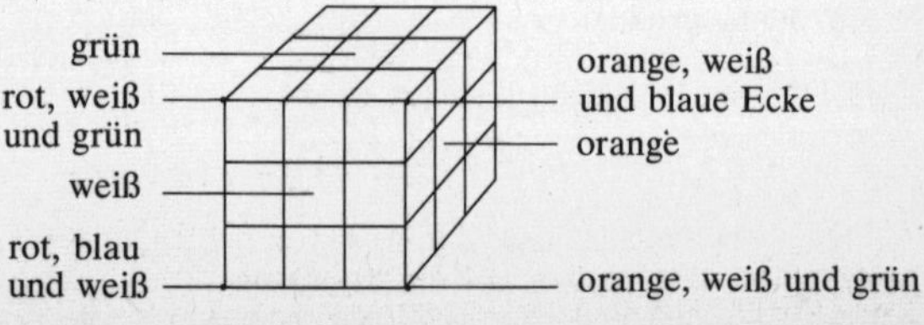

Die untere Fläche ist dabei blau, die linke rot.

Die beiden orangen Ecksteine sind jetzt bei der orangen Fläche, natürlich automatisch auch die beiden roten Ecksteine bei der roten Fläche.

In diesem Beispiel genügt es, die beiden rechten Ecken zu vertauschen, dann sind alle Ecken am richtigen Platz. In anderen Fällen muß man vorher noch den ganzen Würfel anders halten (kippen), bis die beiden zu tauschenden Ecken richtig auf der rechten Seite ankommen.

Ein weiteres Beispiel:

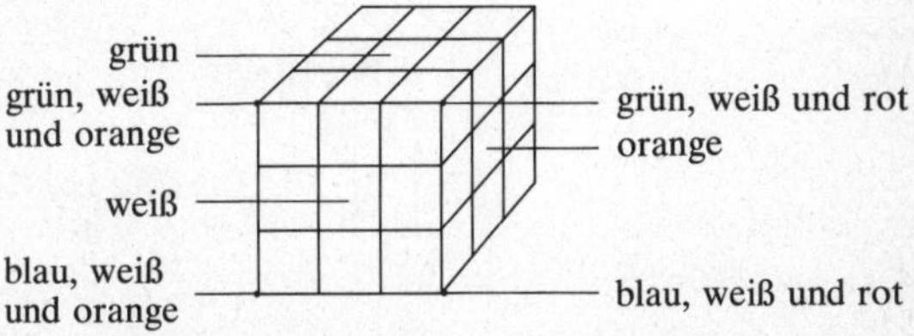

Hier sind die grünen Ecken bei der grünen Fläche und die blauen bei der blauen Fläche. In diesem Fall ist es notwendig, die beiden grünen Ecksteine gegeneinander und die beiden blauen Ecksteine gegeneinander zu tauschen, damit die Ecken stimmen. Dazu muß man den Würfel so halten, daß die letzte Fläche die rechte ist.

Zu allen folgenden Kombinationen sei noch gesagt: Üben Sie sie BITTE zuerst auf einem völlig richtigen Würfel und versuchen Sie nicht sofort, einen verdrehten Würfel zu richten. Nach einigem Üben geht es dann viel leichter!

Kombination A sieht folgendermaßen aus:

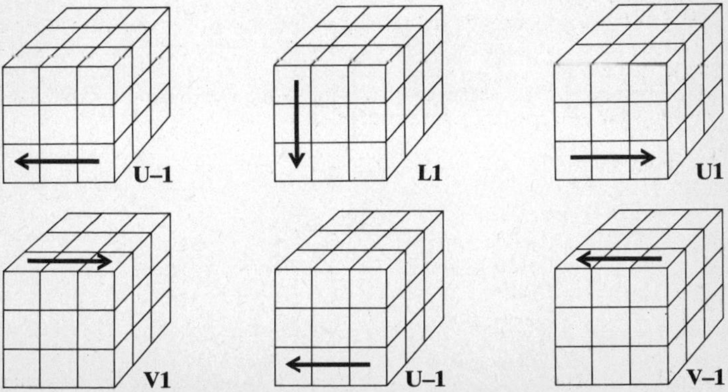

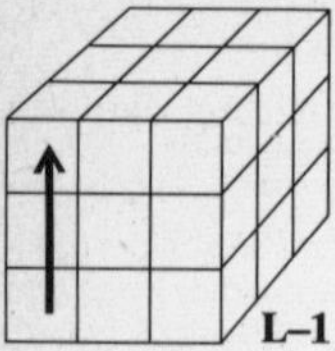
L–1

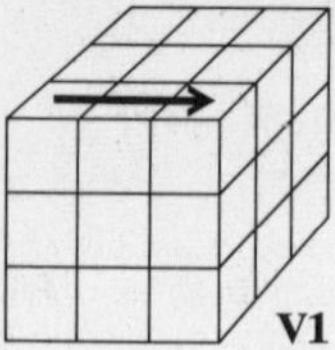
V1

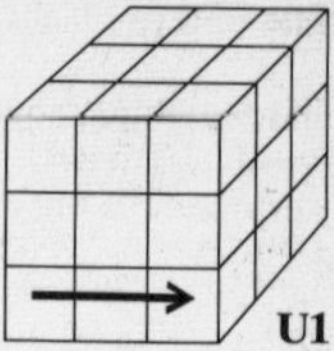
U1

Das Ergebnis:

Vertauschen der beiden Ecken.

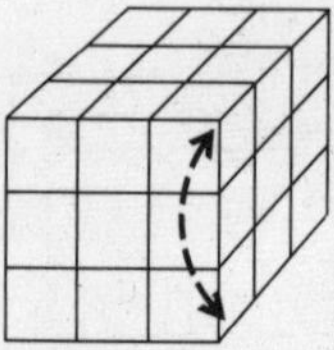

Dabei ist die »letzte« Fläche vorne zu halten!

Die Ecken werden dabei nicht nur vertauscht, sondern auch verdreht und auch die Seitensteine der letzten Fläche werden hierbei zerstört. Das macht aber in diesem Fall gar nichts, es genügt zunächst, den Punkt »Eckenpositionieren« zu erledigen.

Kombination B hat folgendes Aussehen:

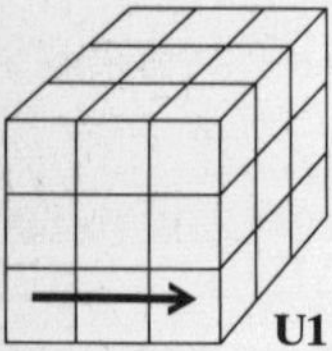
U1

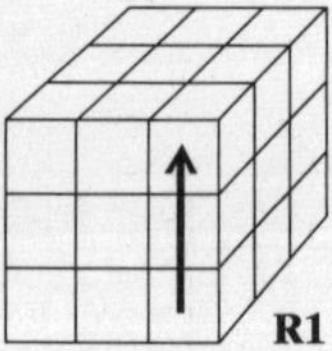
R1

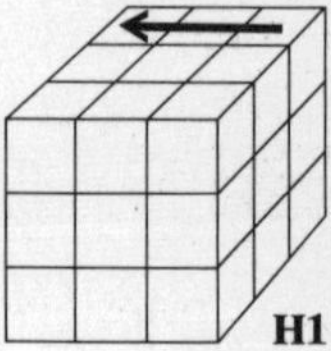
H1

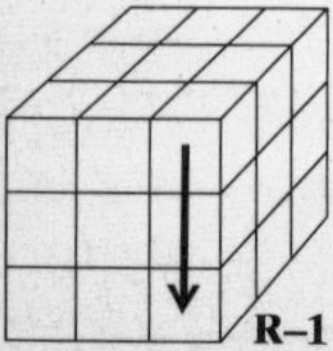
R–1

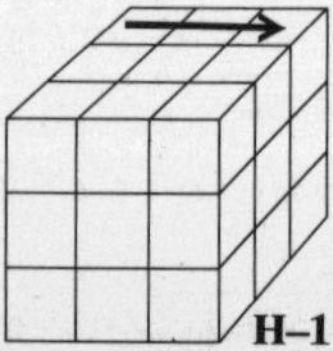
H–1

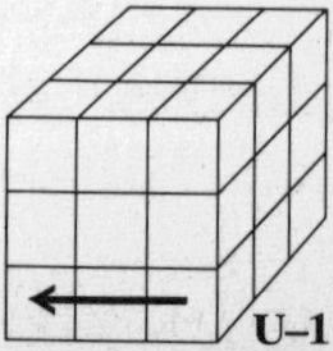
U–1

Das Ergebnis:

Vertauschen von zwei gegen zwei Ecken.

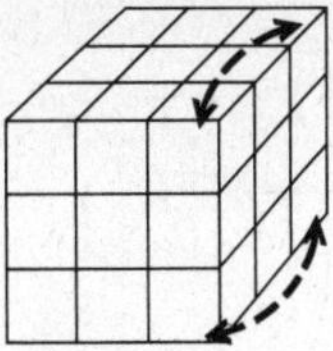

Auch hier werden die Ecken nicht nur vertauscht, sondern auch verdreht, sowie die Seitensteine der letzten Fläche zerstört, was aber wieder nichts ausmacht. Übrigens ist diese Kombination eine Erweiterung einer anderen Kombination, bei der nur der erste und der letzte Zug fehlen und bei der folgendes Ergebnis herauskommt:

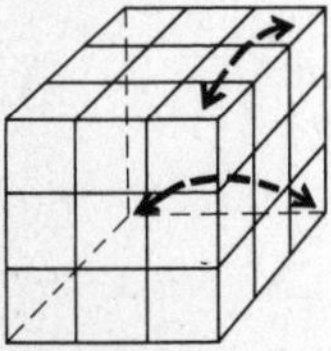

Auf dieser Grundkombination wird dann auch im nächsten Kapitel aufgebaut.

Probieren Sie es nun nach!
Sollte Ihnen aber bei dieser Kombination nicht gefallen, daß man die rechte Fläche behandelt und nicht die vordere, die Sie ja besser sehen können, so wandeln Sie die Kombination um:

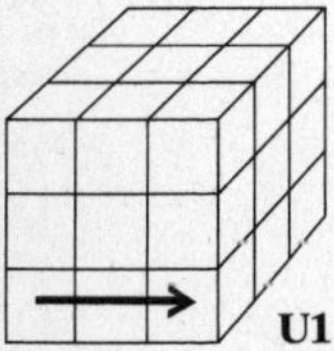

U1

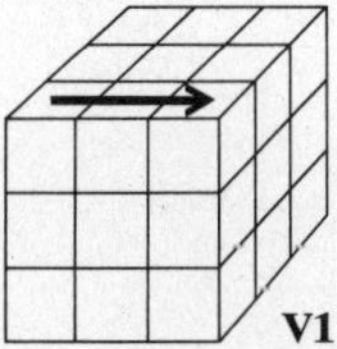

V1

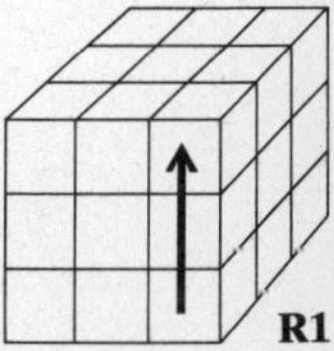

R1

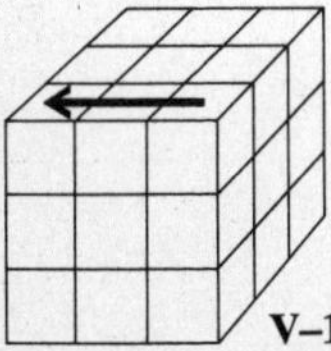

V–1

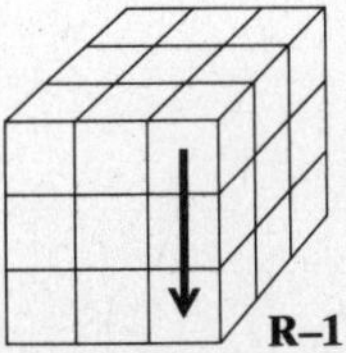

R–1

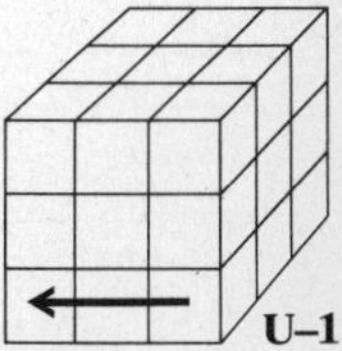

U–1

Statt jedem R wurde ein V, statt jedem H ein R gesetzt, einfach!

Jetzt werden die Ecksteine der vorderen Fläche behandelt:

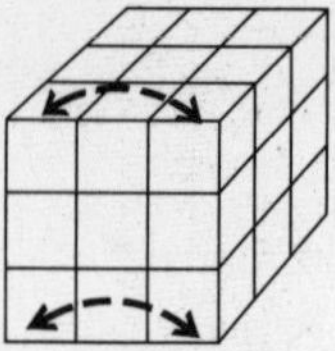

Das können Sie bei jeder Kombination machen, wenn Sie glauben, daß Ihnen dann die Züge besser liegen!

Sie haben also 2 Kombinationen zur Verfügung, von denen Sie bei einmal Würfelrichten jeweils nur eine benötigen! Sie brauchen sich nur die richtige auszusuchen und haben dann alle 4 Ecken am richtigen Platz!

Ecken drehen: fünf Arten

Jeder Eckstein, der schon an seinem richtigen Platz liegt, kann sich auf drei Arten dort befinden:

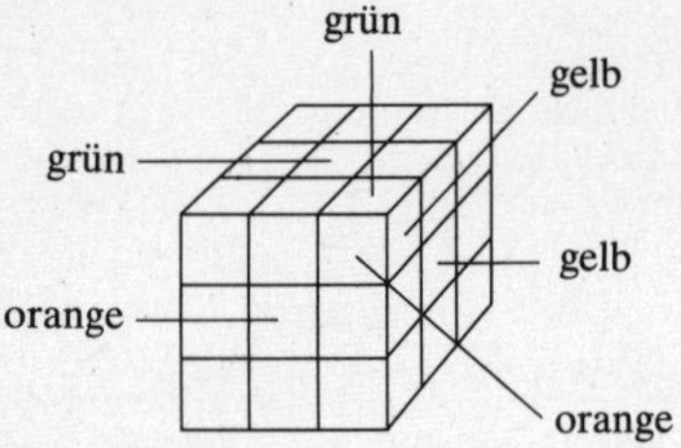

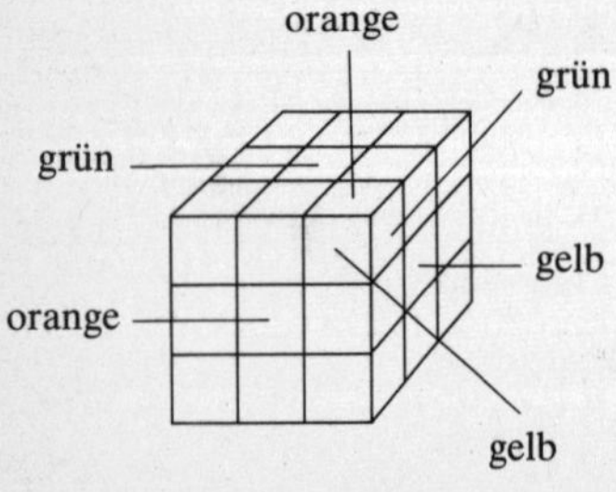

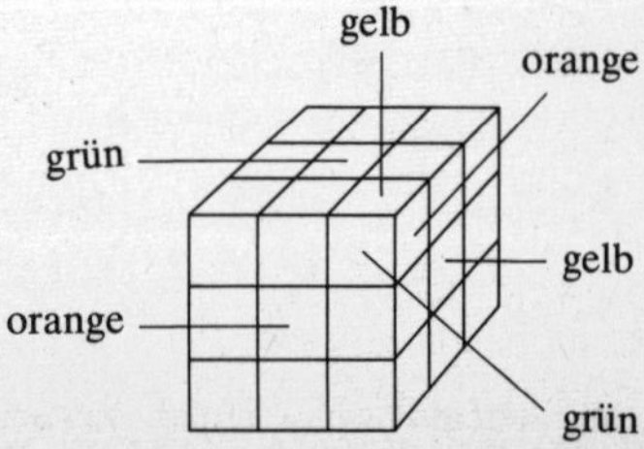

Aber nur im 1. Fall gefällt uns das Aussehen der Ecke, im zweiten Fall ist die Ecke einmal im Uhrzeigersinn verdreht, im dritten Fall ist die Ecke zweimal im Uhrzeigersinn verdreht.
Das im Uhrzeigersinn Verdrehen einer Ecke erkennen Sie am besten, wenn Sie den Würfel aus der Richtung einer großen Diagonalen, also schräg anschauen. Wenn Sie Glück haben, dann sind vielleicht schon alle Ecken richtig gedreht. Aber in den meisten Fällen werden Sie weitere Kombinationen brauchen, um die an ihrem Platz befindlichen Ecken farblich richtig hinzudrehen!
Es ist mit keiner Kombination möglich, eine einzelne Ecke der letzten Fläche zu verdrehen, man kann immer nur 2, 3 oder alle 4 Ecken in bestimmter Weise verdrehen.
Dabei gibt es 5 Probleme, die man lösen können muß, andere Probleme können auch gar nicht auftauchen. Sollten Sie doch ein Problem finden, das sich mit den 5 folgenden Kombinationen nicht lösen läßt, so riskieren Sie vielleicht erstens noch einen zweiten Blick, ob es nicht doch eine Lösung gibt oder Sie haben zweitens den Würfel zerlegt und nicht in der richtigen Form zusammengesetzt! Es gibt nämlich Stellungen des Würfels, die sich nicht durch Verdrehen, sondern nur durch Zerlegen und Zusammensetzen erreichen lassen.
Ich zeige zunächst die eine Zugfolge, die im Kapitel »Drei weitere Beispiele« angedeutet wurde. Mit ihr ist es möglich, genau 2 Ecken zu verdrehen, und zwar immer eine einmal im Uhrzeigersinn und die zweite zweimal (oder einmal gegen den Uhrzeigersinn).

Die Kombination finden Sie auf Seite 18 und 19.

Das Ergebnis dieser Zugfolge ist

zweimal und einmal
im Uhrzeigersinn gedreht.

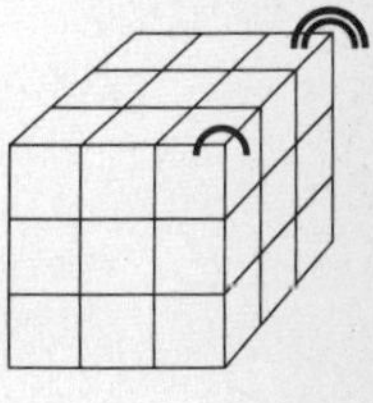

Mit dieser Zugfolge können Sie alle Probleme dieses Kapitels lösen. Wenn mehr als 2 Ecken zu drehen sind, wenden Sie sie eben öfter als einmal an. Zum Beispiel kann man damit

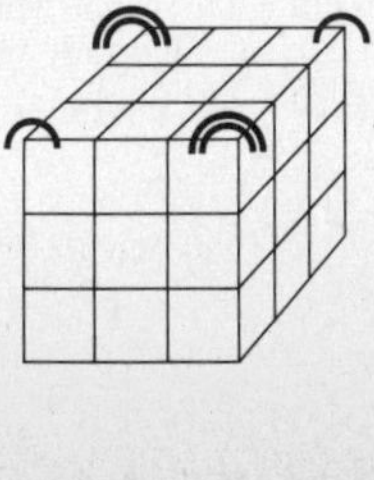

2 Ecken zweimal und
2 Ecken einmal verdrehen.

Hier richten Sie mit der zuvor angegebenen Zugfolge zunächst die 2 rechten Ecken. Dann halten Sie den Würfel so, daß die anderen beiden »falschen« Ecken nach rechts oben kommen und richten nun diese.

Oder 3 Ecken sind verdreht.

Hier behandeln Sie zunächst einmal 2 Ecken mit derselben Kombination so, daß eine gerichtet wird. Danach bleiben Ihnen wieder 2 Ecken zum Richten.

Noch ein Hinweis: Sind 2 diagonal liegende Ecken verdreht, so bringen Sie mit einem Zwischenzug H–1 eine Ecke auf die rechte Seite, womit jetzt beide die Ausgangsposition für die 14zügige Kombination haben.

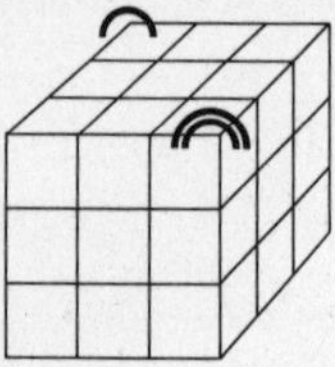

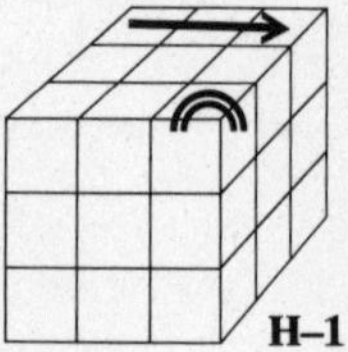

H–1

Hier kommen wieder unsere 14 Züge.

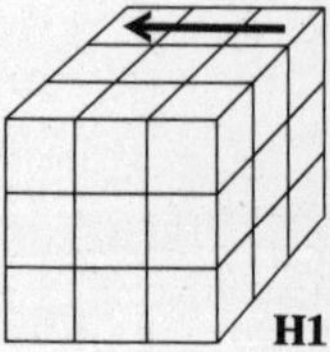

H1

Anschließend machen Sie mit dem Zug H1 den einleitenden Zwischenzug rückgängig.

Für die Sonderfälle 3 oder 4 Ecken drehen gibt es allerdings wesentlich kürzere Zugfolgen. Wenn Sie sich jetzt noch nicht die Mühe machen wollen, sie durchzuarbeiten, blättern Sie zum nächsten Kapitel weiter. Die 14zügige Kombination aber sollten Sie sich merken und üben.

Noch ein Hinweis: Sie können auch vor folgendem Problem stehen:

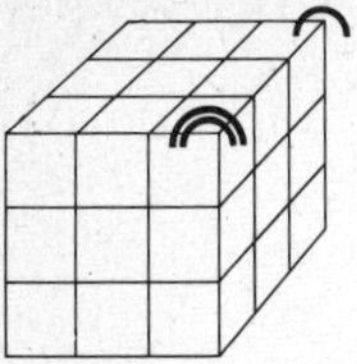

der hintere Eckstein soll einmal

der vordere zweimal verdreht werden.

Die 14 Züge von Seite 18 und 19 scheinen aber genau das Umgekehrte zu bewirken. Hier brauchen Sie nicht zu verzweifeln. Sie drehen den Würfel einfach herum:
Die Seite, die rechts war, kommt nach oben, und die Seite, die oben war, nach rechts. Damit haben Sie die beiden Ecken vertauscht, und die 14 Züge passen!

Hier die 5 Probleme mit den 5 dazugehörigen Lösungen:
Bei allen Lösungen ist die letzte Fläche die rechte.

1.

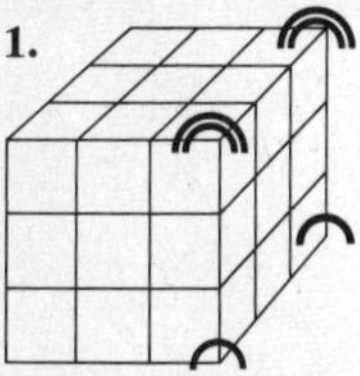

⌒ – bedeutet, einmal im Uhrzeigersinn verdreht
⌒⌒ – zweimal im Uhrzeigersinn verdreht

Man muß also eine Zugfolge finden, die die beiden oberen Steine einmal (⌒) im Uhrzeigersinn weiterdreht und die beiden unteren zweimal (⌒⌒). Als Lösung ergibt sich die verdoppelte Kombination b.) aus dem vorigen Kapitel: also 2 und 2 Steine tauschen und dann wieder zurückbringen.

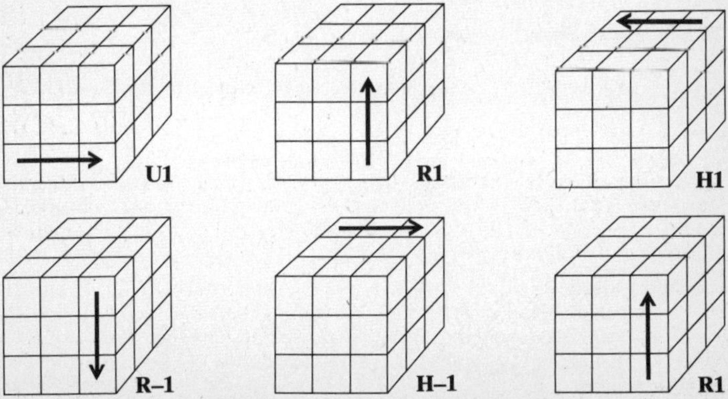

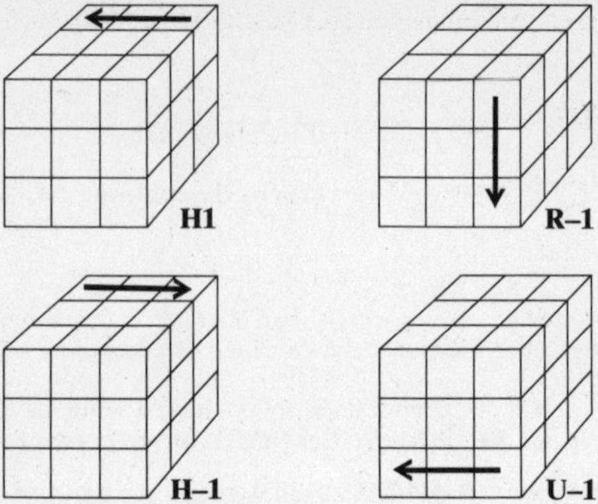

Die Zugfolge besteht aus 10 Zügen, wobei die 4 Züge 2–5 mit den 4 Zügen 6–9 identisch sind, also relativ leicht zu merken!

Das Ergebnis ist demnach folgendes:

Die oberen beiden Ecken wurden einmal im Uhrzeigersinn gedreht, die unteren beiden zweimal.

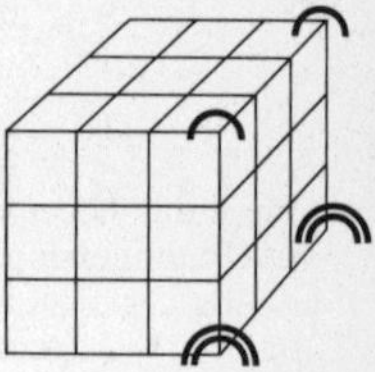

Die Kombination nimmt wie die übrigen 4 keine Rücksicht auf die Seitensteine, »zerstört« sie also.

2. Drei Ecken einmal verdreht.

Die folgende Kombination löst dieses Problem, indem sie drei Ecksteine zweimal im Uhrzeigersinn weiterdreht.

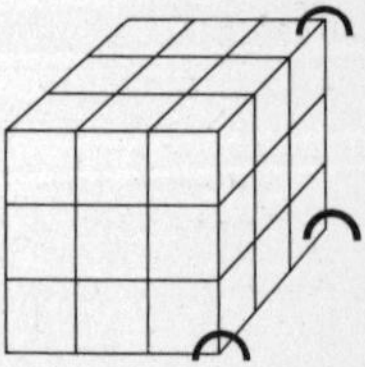

Für Interessierte:
Auch diese Kombination beruht auf der Grundkombination R1, H1, R–1, H–1, der Vorspann, sowie der Nachspann dazu besteht aber aus den Zügen H–1, R2 bzw. R2, H1. Als Ergebnis werden dabei jeweils 2 und 2 diagonal gegenüberliegende Ecken vertauscht, was mit einem Zug zu bereinigen ist.

Die Kombination besteht aus 8 Zügen und lautet also:

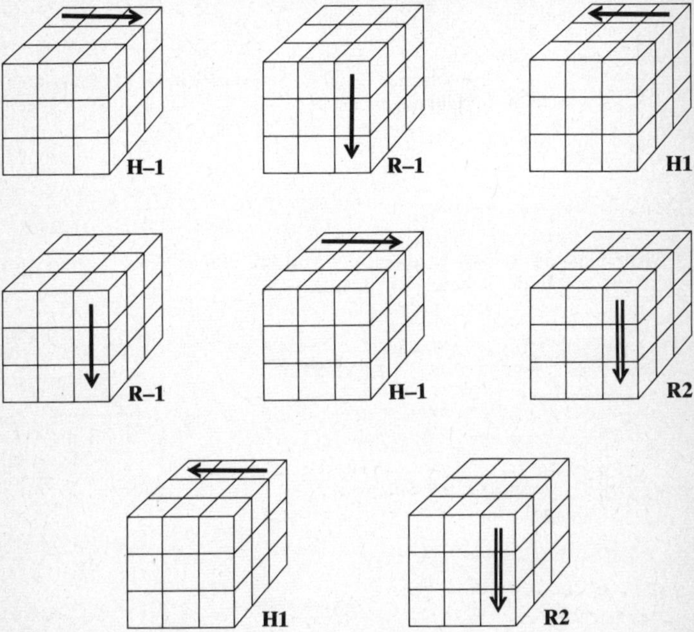

Das Ergebnis:

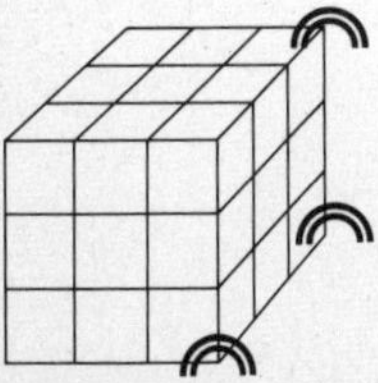

Die 3 bezeichneten Ecken werden zweimal im Uhrzeigersinn verdreht.

Dazu müssen Sie den Würfel natürlich auch in der richtigen Stellung halten.

3. Drei Ecken sind zweimal verdreht:

Die folgende Kombination verdreht die 3 Ecken einmal im Uhrzeigersinn.

Die Kombination ist das Gegenteil der vorigen, also mit dem letzten Zug beginnend und in der anderen Richtung:

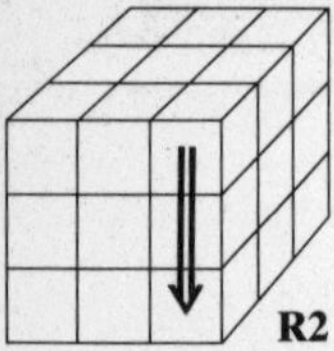

R2

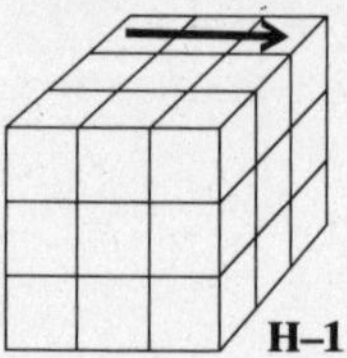

H–1

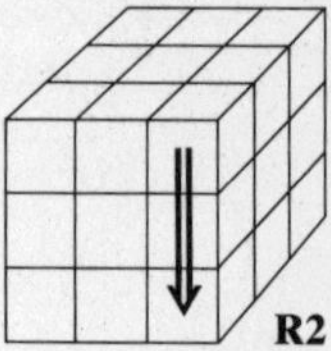

R2

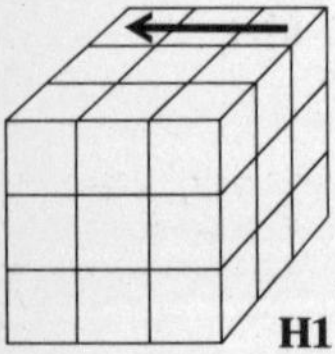

H1

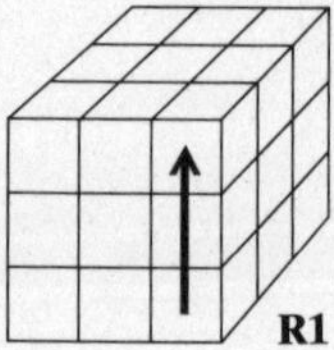

R1

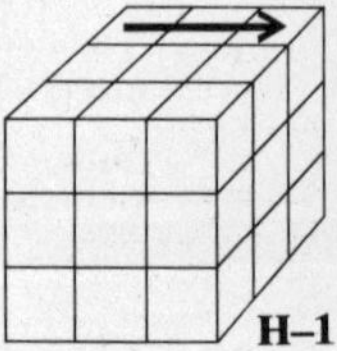

H–1

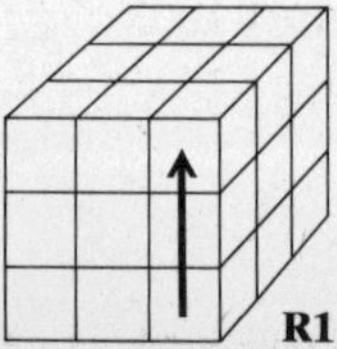

R1

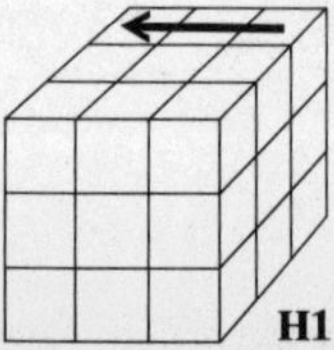

H1

Das Ergebnis:

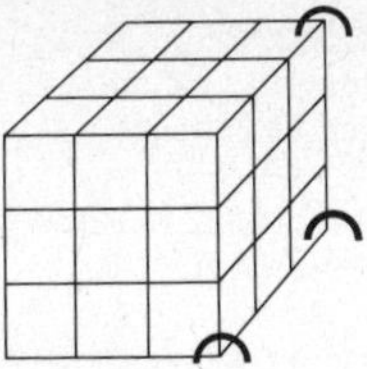

Wenn Sie sich nicht die Mühe machen wollen, diese Kombination zu lernen und anzuwenden, können Sie statt dessen auch zweimal die Kombination 2 verwenden: Viermal im Uhrzeigersinn drehen, ergibt ja dasselbe, wie einmal drehen. Sie werden aber dann natürlich etwas mehr Zeit brauchen.

4. Eine Ecke einmal verdreht, eine zweite Ecke zweimal verdreht. Hier gibt es 3 Möglichkeiten:

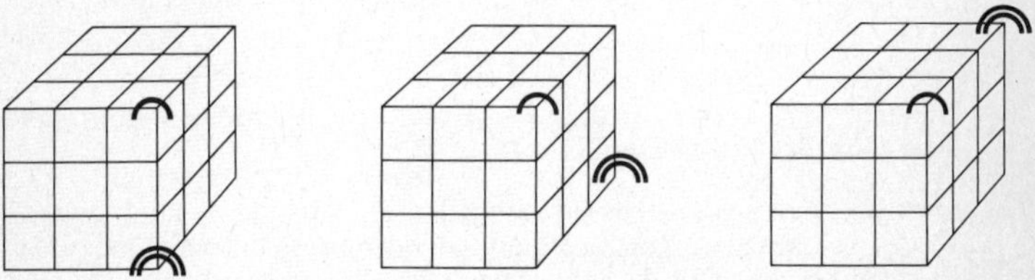

Eine weitere Lösung für diesen am Beginn des Kapitels gezeigten Fall ergibt sich daraus, 3 Ecken zuerst zweimal zu verdrehen, dann 3 Ecken einmal zu verdrehen.

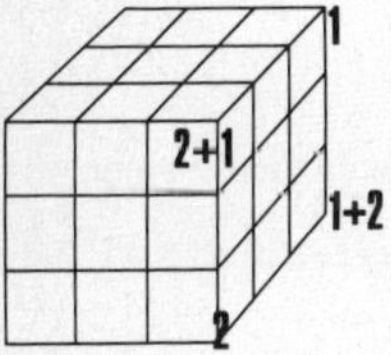

Eine Ecke wurde einmal, eine Ecke zweimal verdreht, die beiden übrigen Ecken dreimal, also gar nicht.

Die schnellste Vorgangsweise ist folgende (14 Züge):

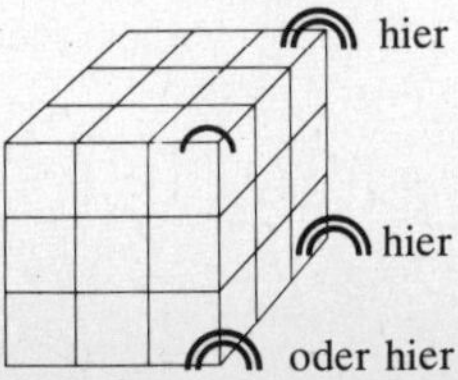

a) Als rechte vordere obere Ecke nimmt man die zweimal verdrehte, d. h. die, die einmal verdreht werden soll. Die andere falsche Ecke ist dann irgendwo auf der rechten Seite (»letzte Seite = rechte Seite«).

b) Jetzt führt man die Kombination 2 – 3 Ecken zweimal verdrehen – durch, und zwar ohne den letzten Zug R2.

c) Dabei ist mittlerweile eine Ecke so gedreht, daß sie bereits die richtige Farbe zur Seite aufweist. – Es ist aber keine Ecke am richtigen Platz! Man kippt nun den ganzen Würfel so, daß diese Ecke rechts hinten unten liegt:

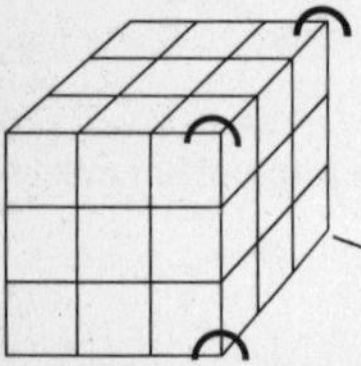

richtige Ecke (mit richtiger Farbe zur Seite)

d) Nun führt man die Kombination 3 – 3 Ecken einmal verdrehen – durch und zwar ohne den ersten Zug R2.

Dieses ganze Problem können Sie natürlich auch durch die in Kapitel »Drei Beispiele« beschriebene Kombination lösen oder eine ähnliche selbst gefundene anwenden. Wenn Sie die notwendige Zugfolge bereits auswendig können und Sie Ihnen besser gefällt, dann verwenden Sie sie eben anstatt der hier beschriebenen!

5.

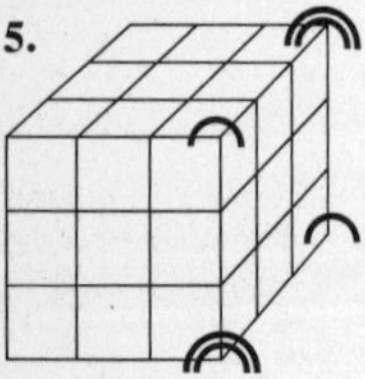

2 diagonal gegenüberliegende Ecken sind einmal verdreht, die anderen beiden zweimal.

Dieses Problem kann man übrigens auch unter Anwendung der Kombination 2 oder 3 lösen, also einmal 3 bestimmte zweimal, dann wieder 3 Steine zweimal drehen, oder einmal und einmal. Es gibt aber – für Lernwillige – eine schnellere Lösung:

Für Interessierte:
Sie beruht wie die Kombination 2 auf der Grundkombination R1, H1, R–1, H–1, macht aber alles doppelt:
Diagonales Vertauschen hin und zurück, dafür bleibt der letzte Zug R2 der Kombination 2 weg.

Die Kombination hat 11 Züge und lautet also:

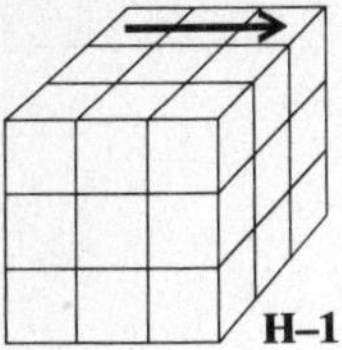
H–1

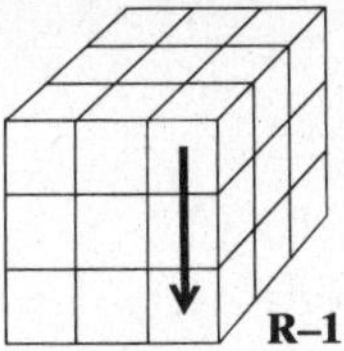
R–1

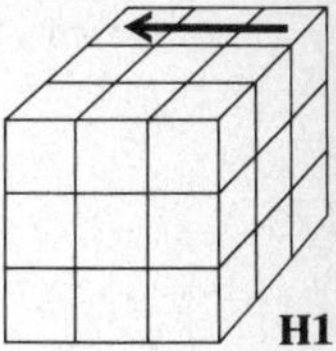
H1

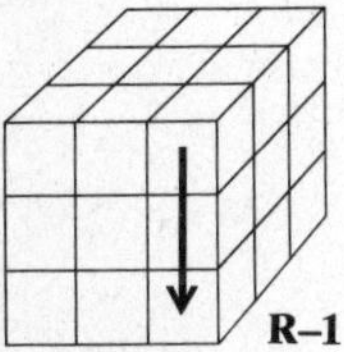
R–1

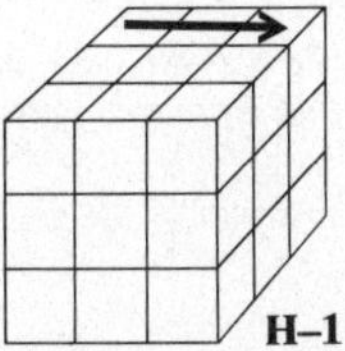
H–1

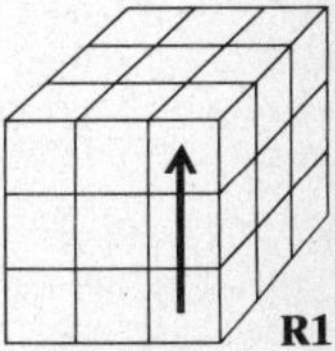
R1

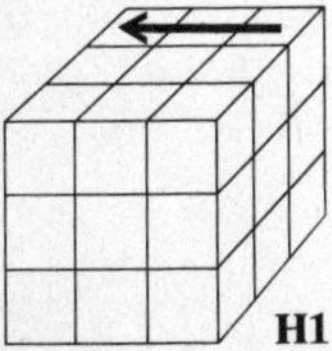
H1

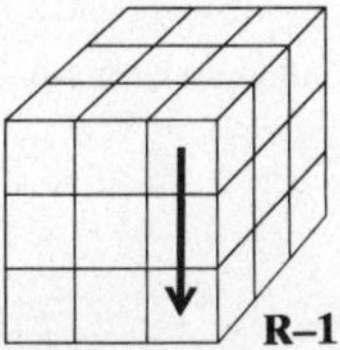
R–1

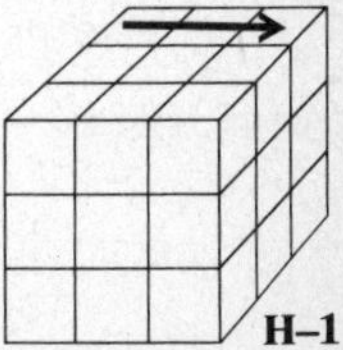
H–1

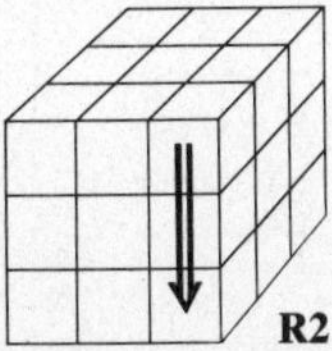
R2

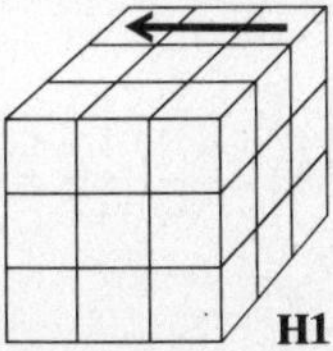
H1

Die ersten fünf Züge sind mit denen der Kombination 2 identisch.

Das Ergebnis:

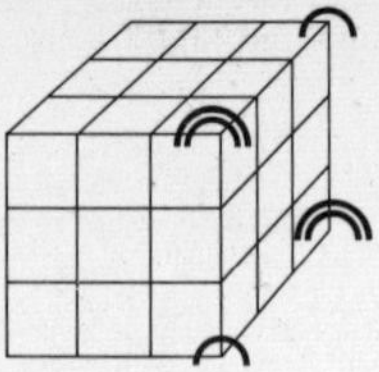

Zwei Ecken werden zweimal, 2 Ecken werden einmal verdreht.

Bei einmal Würfelrichten brauchen Sie jeweils nur eine einzige der letzten 5 Kombinationen. Sie müssen sich wieder nur die richtige aussuchen, durchführen und der Würfel ist bis auf die 4 Seitensteine der letzten Schicht richtig. Die Ecken haben Sie damit erledigt.
Allerdings sollten Sie, bevor Sie weitergehen, den Punkt Eckendrehen doch recht gut beherrschen und einige Kombinationen annähernd auswendig können. Also bitte üben!

Seitensteine richten

Zu den Kombinationen Seitensteine richten sei wieder gesagt: Bitte zunächst auf einem richtigen Würfel üben. Sie erkennen dann genau den Sinn jeder Kombination!

3 Steine tauschen
Hier greifen wir auf eine der einfachen Kombinationen aus dem Kapitel »Drei Beispiele« zurück:

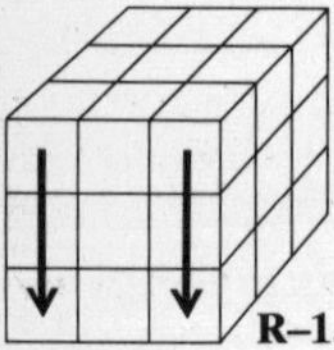

R–1, L1

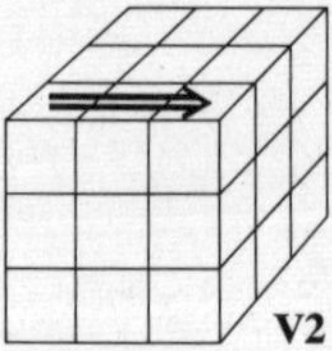

V2

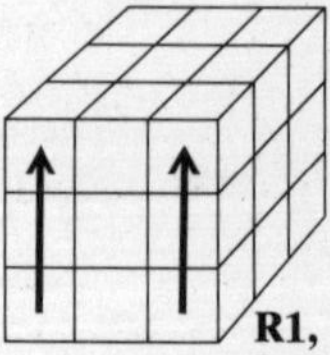

R1, L–1

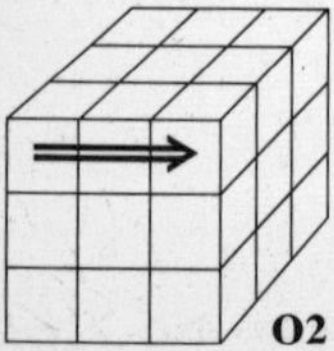

O2

Dabei werden folgende drei Steine vertauscht:

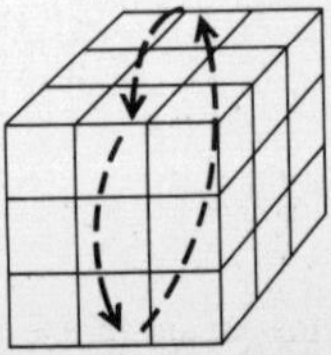

Wir haben aber nicht die Aufgabe, 3 auf dem ganzen Würfel verteilte Steine zu vertauschen, sondern 3 auf der Vorderseite:

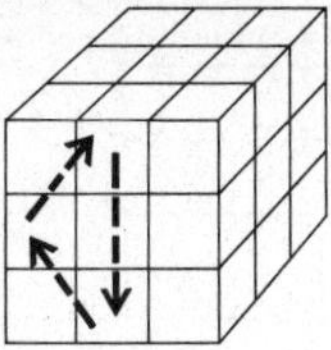

Zwei dieser 3 Steine sind schon an denselben Plätzen, wie es für die obige Kombination notwendig ist.

Der 3. Stein, der linke also, läßt sich mit zwei einfachen Zügen (das ist der Vorspann der Kombination) in die Position »hinten – oben« bringen:

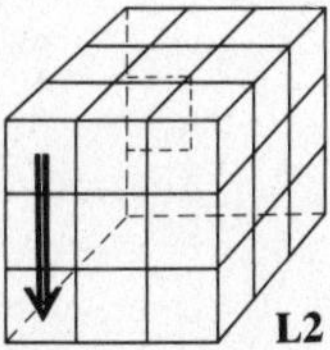

L2

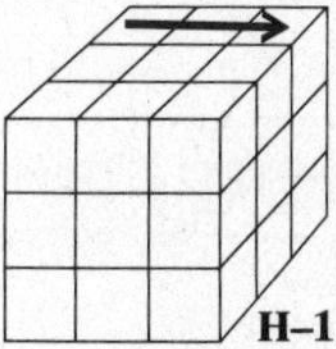

H–1

Nach diesen beiden Zügen kann man die oben genannte Kombination R–1, L1, V2, R1, L–1, O2 anwenden, die 3 Steine werden vertauscht.

Dann macht man den Vorspann in umgekehrter Reihenfolge wieder rückgängig und bringt dabei den einen Stein aus seiner Position hinten – oben wieder nach links – vorne.

Auch wurde der Würfel durch die 2 Züge Vorspann an anderen Punkten zerstört, was aber nichts ausmacht, da diese »Fehler« durch den Nachspann wieder gerichtet werden.

Die Idee zu dieser Kombination ist also eigentlich recht einfach! Die Kombination besteht aus 10 Zügen und sieht zusammengefaßt so aus:

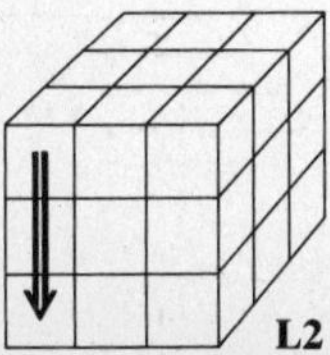

L2

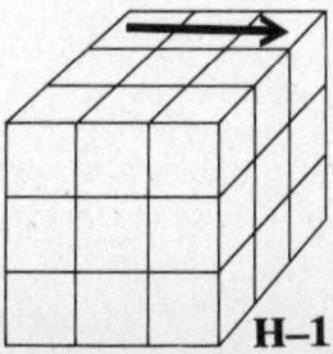

H–1

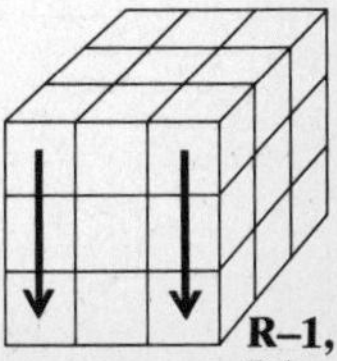

R–1, L1

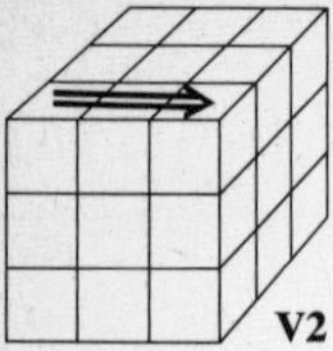

V2

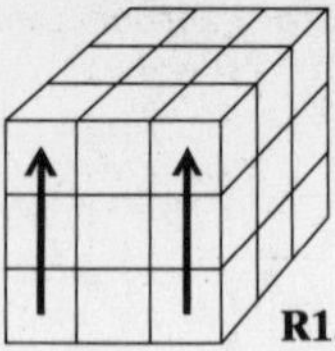

R1,
L–1

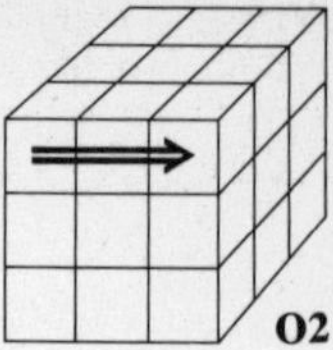

O2

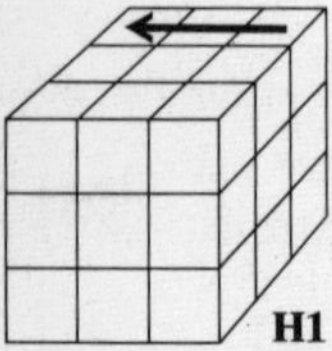

H1

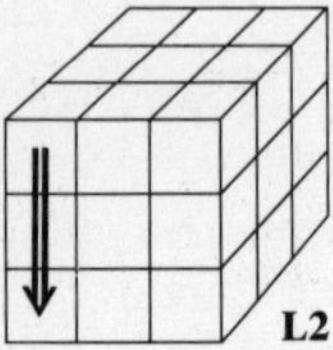

L2

Das Ergebnis ist dann folgendes:

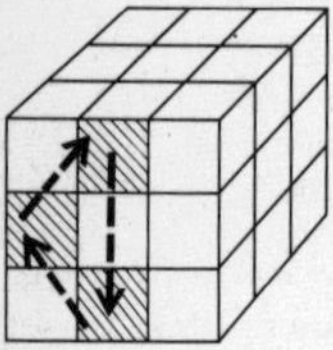

Die 3 Steine wurden im Uhrzeigersinn vertauscht, keiner wurde dabei gekippt.

Sie sollten diese Kombination natürlich auch in der anderen Drehrichtung beherrschen. Das bedeutet dann die genau umgekehrte Zugreihenfolge mit umgekehrter Drehrichtung. Siehe da, bei dieser Umkehrung bleibt aber der Vorspann und der Nachspann genau wie zuvor.

Die Kombination sieht dann festgehalten so aus:

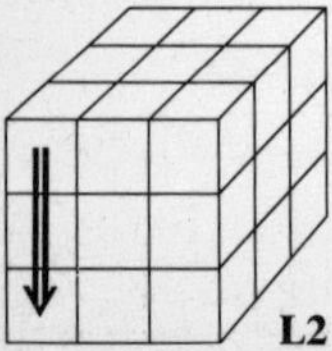

L2

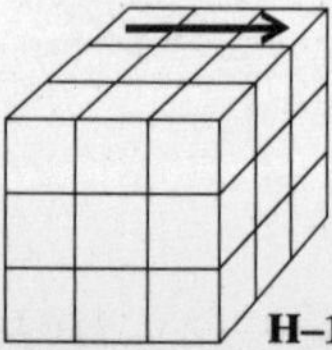

H–1

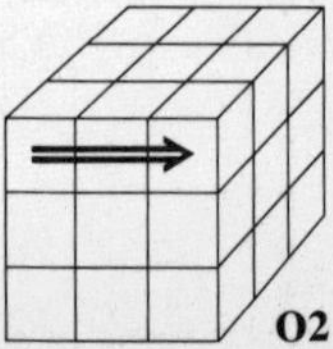

O2

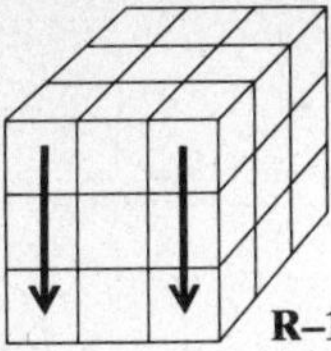

R–1,
L1

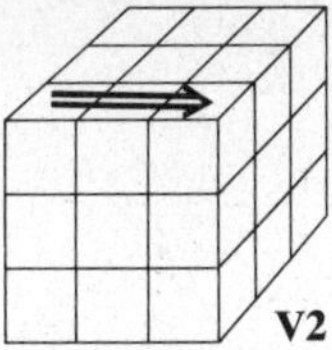

V2

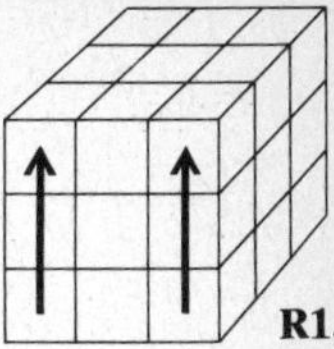

R1,
L–1

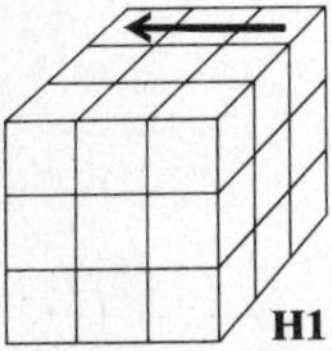

H1

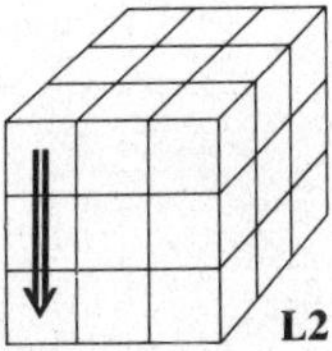

L2

Dabei kann man noch bemerken, daß in der eigentlichen Kombination (Züge 3–8) der letzte Zug O2 aus der vorigen Kombination an die 1. Stelle in dieser Kombination gewandert ist, die übrigen Züge aber gleich geblieben sind! Also doch wieder recht einfach zu merken, wenn man ein wenig übt!

Das Ergebnis dieser Kombination ist dann:

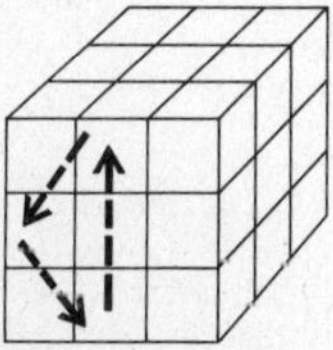

Vertauschung der 3 Seitensteine im Gegenuhrzeigersinn, keiner wird gekippt.

Mit den beiden letzten Kombinationen können Sie bereits alle Steine der letzten Fläche an die richtige Stelle bringen. In vielen Fällen werden diese Steine aber nicht die richtige Farbe nach oben aufzeigen. Man kann nun die Steine beim Hinbringen gleichzeitig kippen. Hier also die Kombination. Zuvor aber noch eine Zugfolge, die 2 Seitensteine an ihrem Platz beläßt, aber beide kippt.

Diese Kombination stammt von Morwen Thistlethwaite und wird von David Singmaster in seinem Buch »Notes on Rubiks Cube« zitiert.

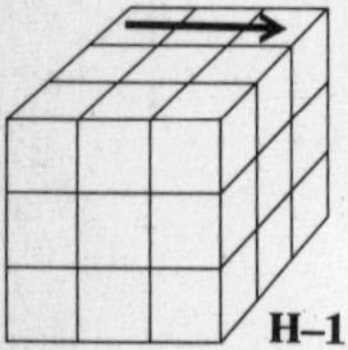

H–1

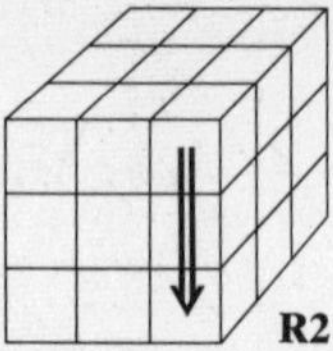

R2

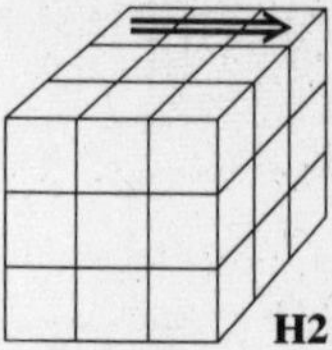

H2

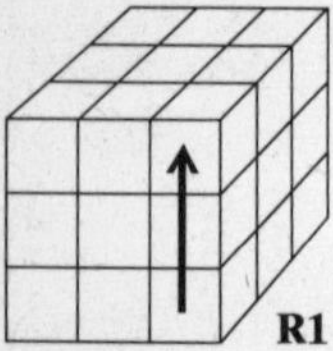

R1

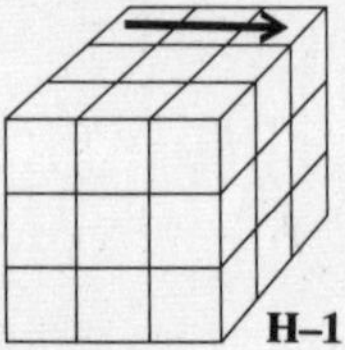

H–1

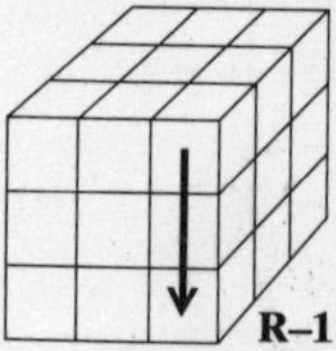

R–1

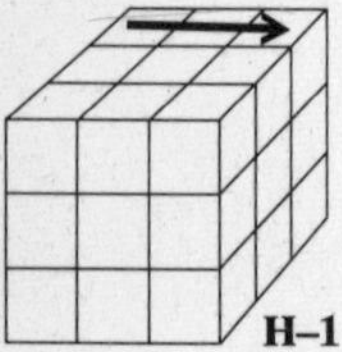

H–1

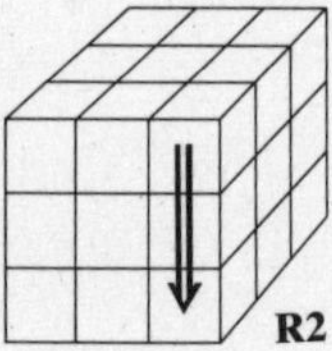

R2

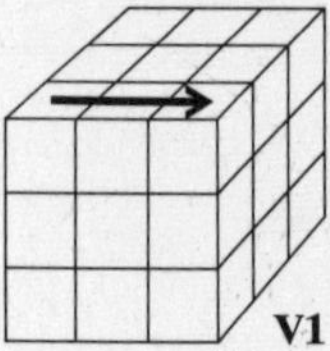

V1

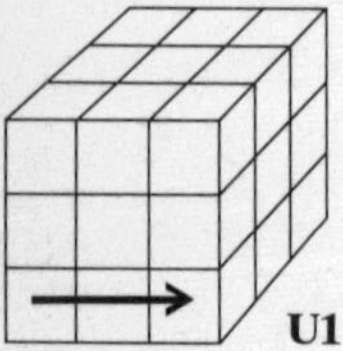

U1

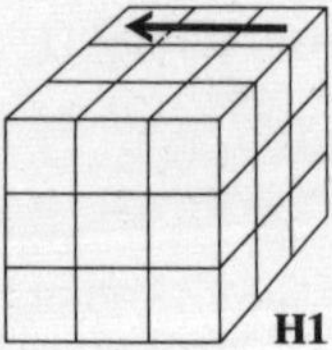

H1

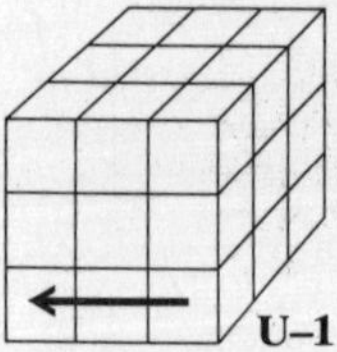

U–1

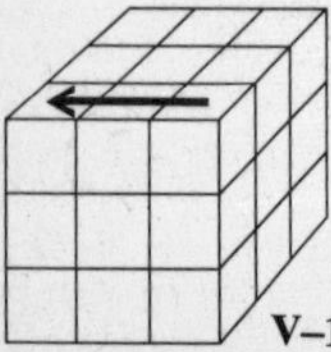

V–1

Das Ergebnis
ist folgendes:

2 Steine
sind gekippt.

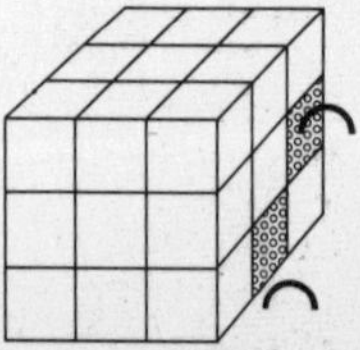

Diese Zugfolge müssen Sie in manchen Fällen ein- oder mehrmals anwenden, und dann ist der ganze Würfel gerichtet.

In vielen Fällen ist es aber rationeller, eine der folgenden 3 bzw. 6 Kombinationen anzuwenden.

Drei Seitensteine tauschen und zwei davon kippen: 3 Arten
Beim Tauschen von drei Seitensteinen ist es möglich, zwei davon zu kippen. Es ist nicht möglich, nur einen oder gleich alle 3 zu kippen. Man kann also jeweils 2 Steine kippen:

⌒ - bedeutet: Stein wird auf seinem Weg gekippt.

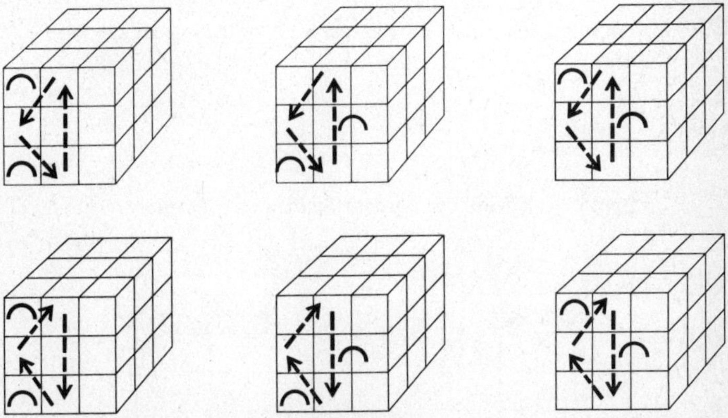

Die 2 Seitensteine, die sich auf der linken Seite bewegen, werden gekippt,

die 2, die sich »unten« bewegen

oder die 2, die sich »oben« bewegen.

Für jede dieser 3 Arten gibt es eine eigene Kombination, die natürlich in beiden Richtungen arbeiten kann – damit haben wir dann 6 Kombinationen.

Es ist hier leichter zu beschreiben und zu beobachten, daß 2 Steine auf dem Weg von X nach Y gekippt werden sollen als zu sagen: Der Stein befindet sich an diesem Platz und soll gekippt werden. Man müßte dann in der Skizze das Zeichen ⌒ zu dem Stein, statt zu seinem Weg machen. In diesem Fall würde sich nämlich das Erkennen, welche Kombination in welcher Richtung anzuwenden ist, wesentlich erschweren.

Hier noch ein Beispiel dazu:

Sie wollen 2 gegenüberliegende Seitensteine kippen also so:

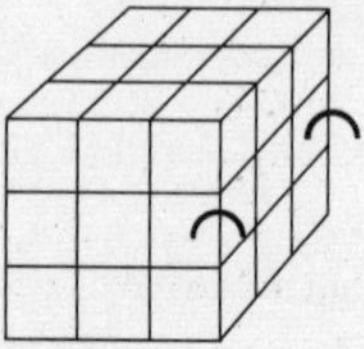

Das Problem läßt sich natürlich durch 2-malige Anwendung der Zugfolge von Seite 54 lösen.

Aber es geht auch einfacher:

Mit 2 Zwischenzügen wird der vordere Stein in die Position rechts-unten gebracht.

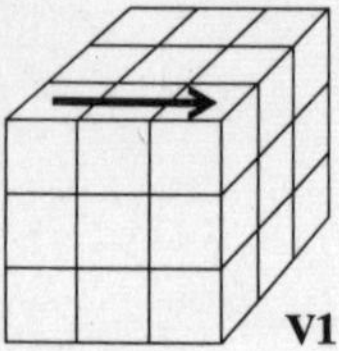

V1

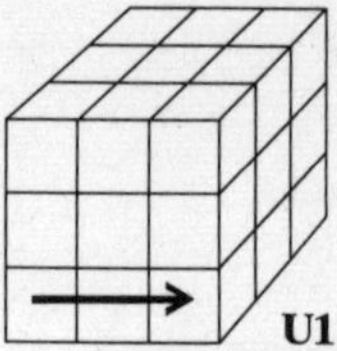

U1

dann folgen die 13 Züge von Seite 54. Mit

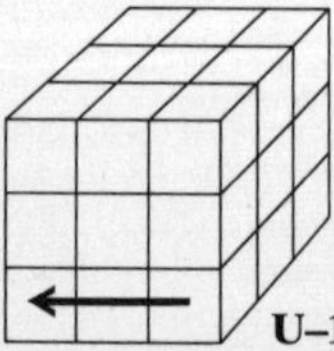

U–1

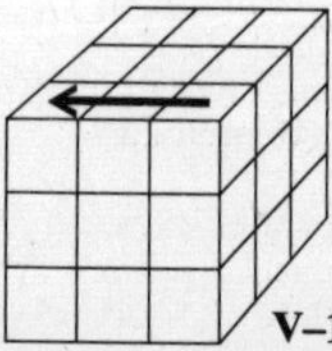

V–1

bringen Sie den einen Stein zurück.

3 Kombinationen mit Kippen

Sie beruhen wieder alle 3 auf der einfachen Kombination R–1, L1, V2, R1, L–1, O2 aus dem Kapitel »Drei Beispiele«, haben aber einen komplizierteren Vorspann.

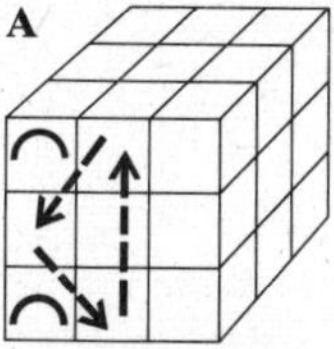

Beobachten Sie, was bei den ersten 3 Zügen dem linken und dem oberen Seitenstein passiert: Sie nehmen die Positionen ein, die für die Anwendung der obigen, einfachen Kombination notwendig ist. Der linke Stein wird aber dabei gekippt.

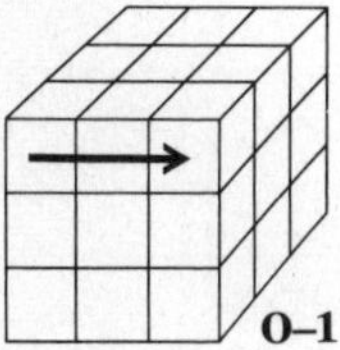

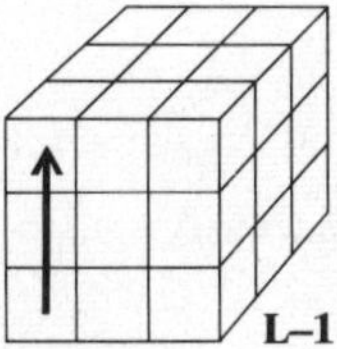

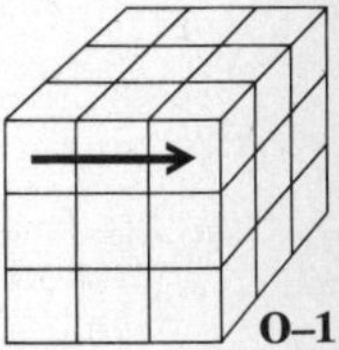

Nach Anwendung der einfachen Kombination R–1, L1, V2, R1, L–1, O2 wird durch den Nachspann O1, L1, O1, der Vorspann wieder rückgängig gemacht. Dabei wird wieder ein Stein gekippt, diesmal ein anderer, insgesamt sind dadurch 2 Steine gekippt.

Da der letzte Zug der eigentlichen Kombination und der erste des Nachspanns dieselbe Fläche betreffen, kann man sie noch zusammenfassen.

Die Kombination besteht aus 11 Zügen und lautet also:

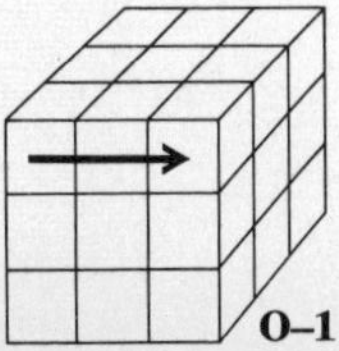

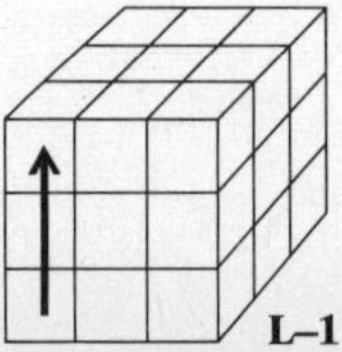

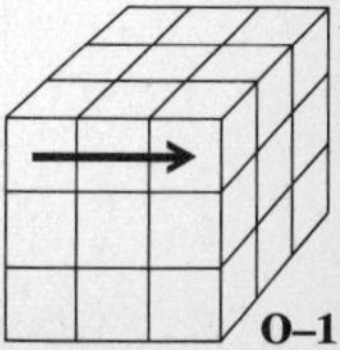

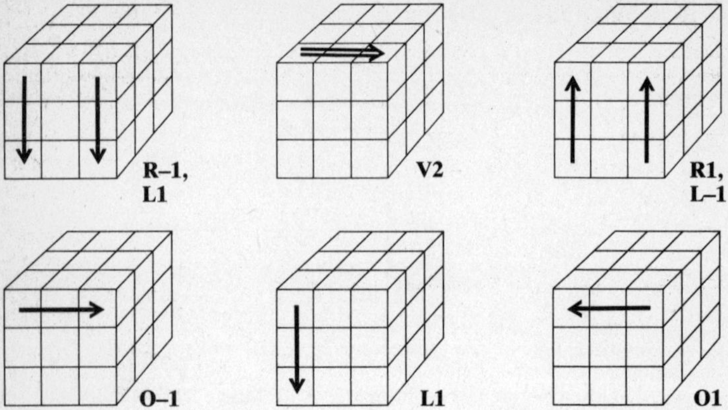

Und das Ergebnis sieht folgendermaßen aus:
3 Steine vertauscht,
2 davon gekippt.

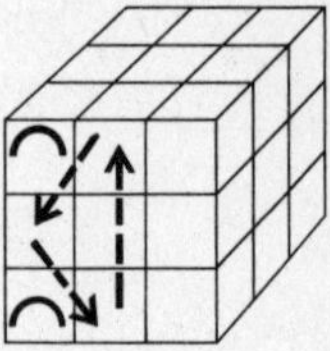

Die Kombination für die entgegengesetzte Vertauschung ist dann natürlich folgende:

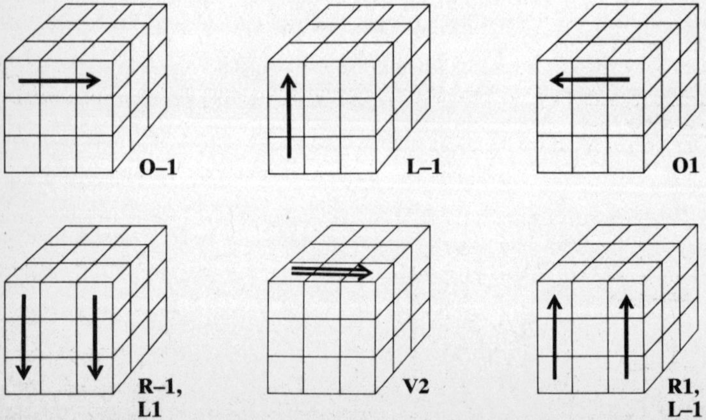

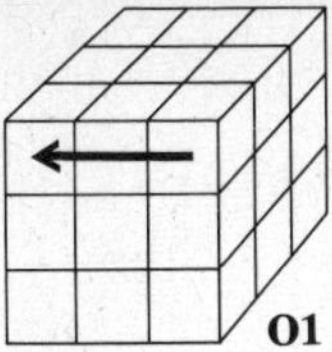

O1

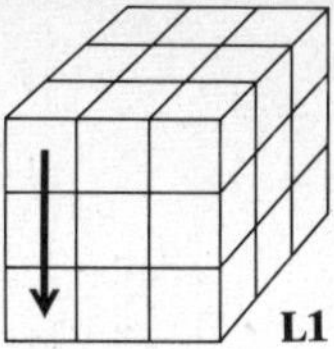

L1

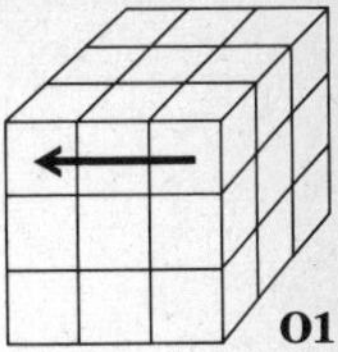

O1

Das Ergebnis ist diesmal folgendes:

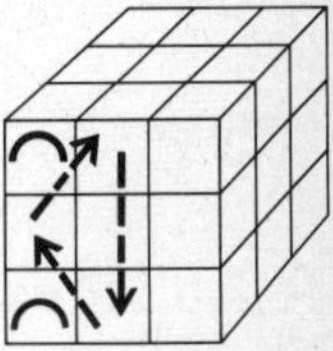

Diese Kombination unterscheidet sich von der vorigen nur dadurch, daß der 3. und der drittletzte Zug anders lauten, alle anderen Züge sind gleich!

B

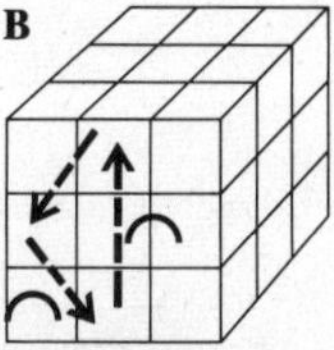

Diesmal »wandern« alle 3 Steine schon im 4zügigen Vorspann, der untere wird dabei gekippt.
Die Kombination hat 14 Züge und lautet:

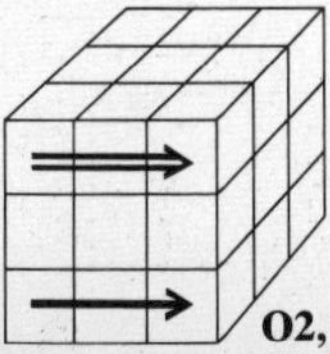

O2,
U1

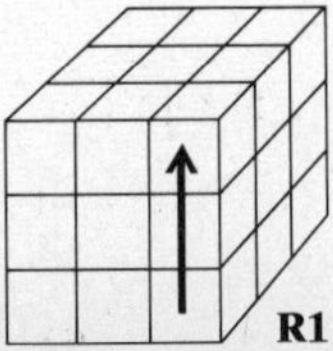

R1

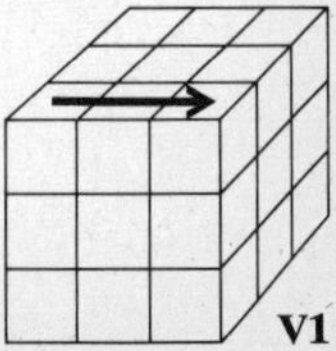

V1

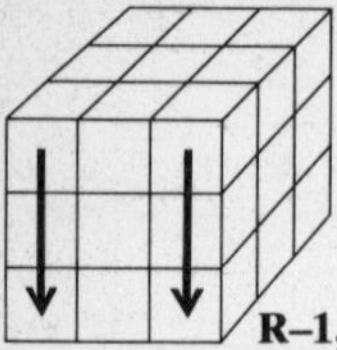
R–1,
L1

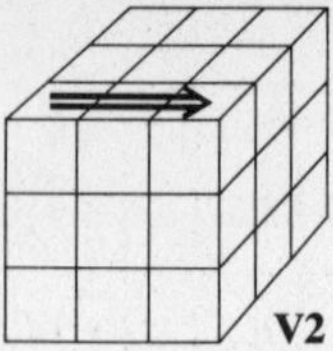
V2

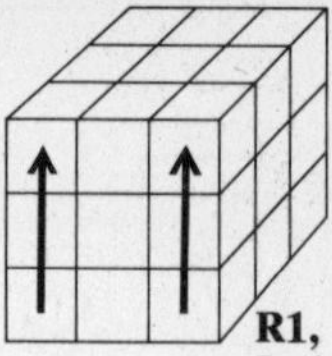
R1,
L–1

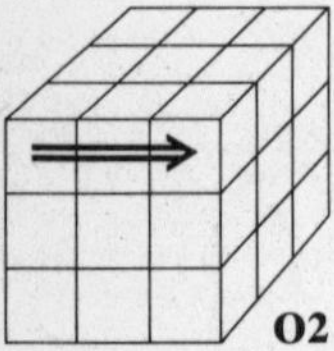
O2

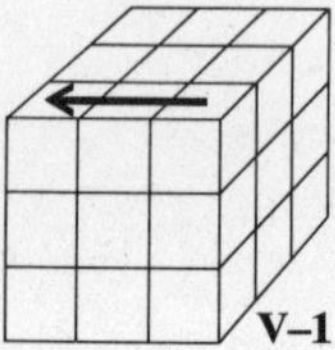
V–1

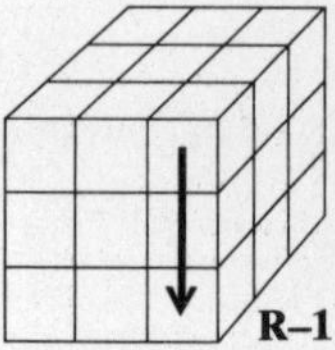
R–1

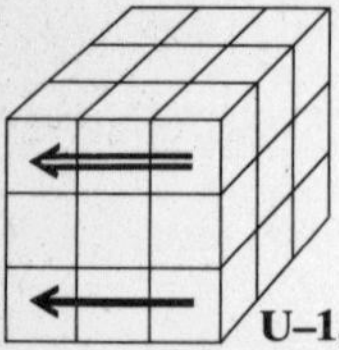
U–1,
O2

Das Ergebnis:

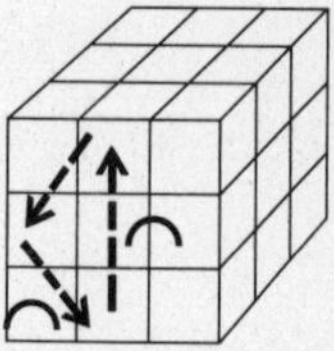

Der Vollständigkeit halber hier die entgegengesetzte Kombination:

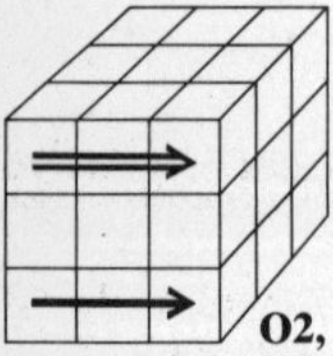
O2,
U1

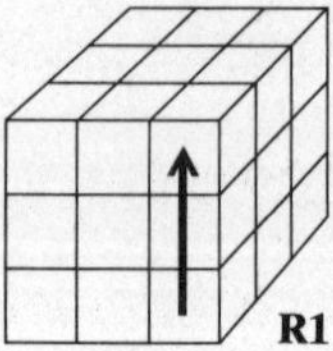
R1

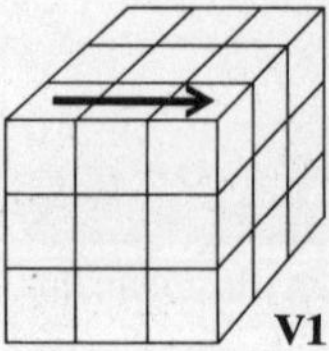
V1

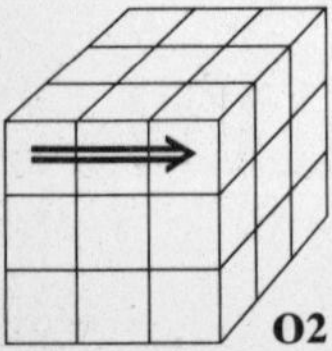
O2

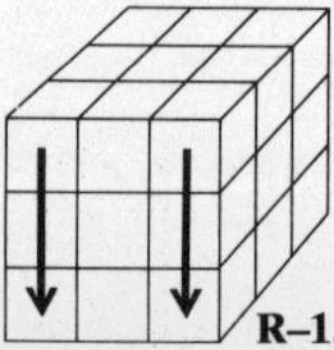
R–1,
L1

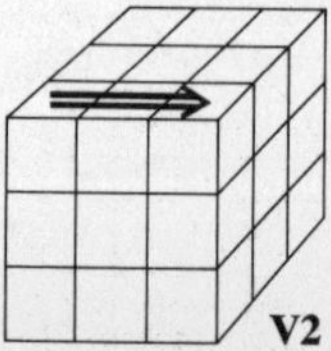
V2

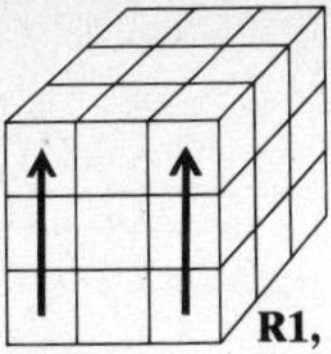

R1,
L–1

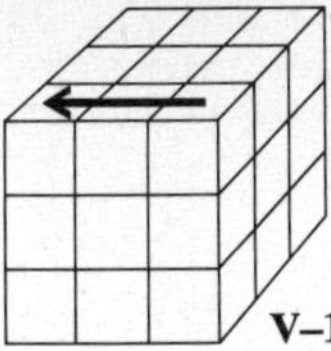

V–1

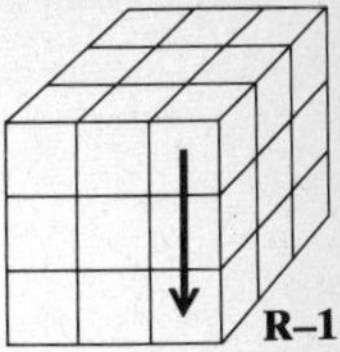

R–1

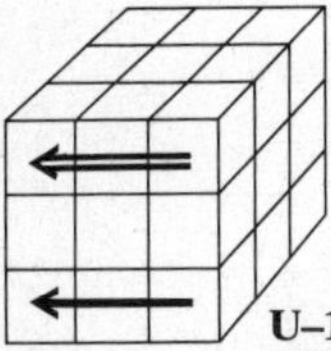

U–1,
O2

Das Ergebnis:

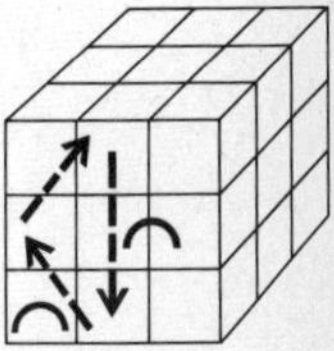

Die beiden letzten Kombinationen unterscheiden sich voneinander wieder nur in der Reihenfolge der Züge.

C

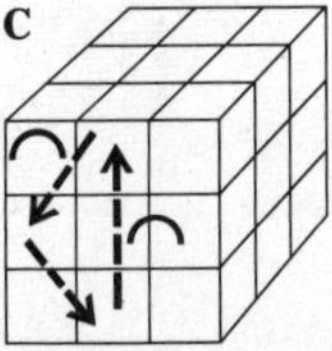

Auch diesmal wandern alle 3 Steine schon im 4zügigen Vorspann, gekippt wird dieses Mal der obere Stein.

Die Grundkombination wird aber etwas abgewandelt verwendet, da die 3 Steine für diese Kombination anders auf dem Würfel verteilt sind:

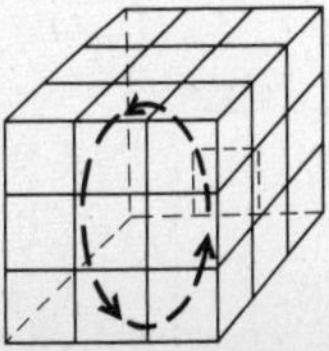

Die Grundkombination lautet diesmal: R–1, L1, U2, R1, L–1, V2

Der letzte Zug der Grundkombination V2 und der erste Zug des Nachspanns V1 werden wieder zu einem Zug zusammengefaßt.
Die Kombination hat 13 Züge und lautet dann:

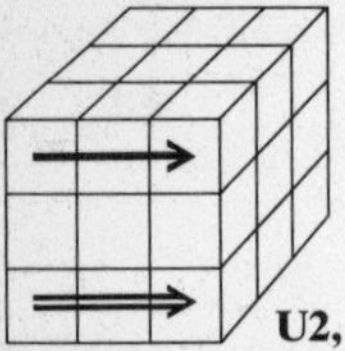
U2,
O–1

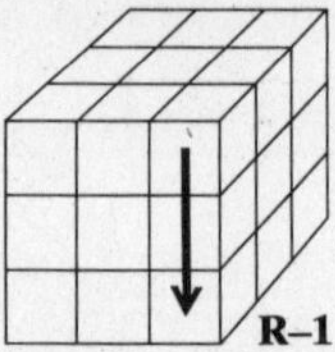
R–1

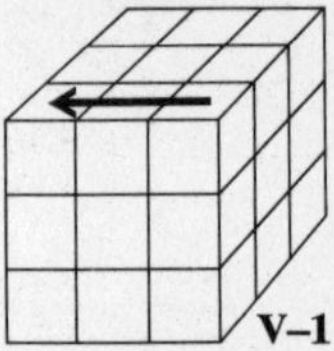
V–1

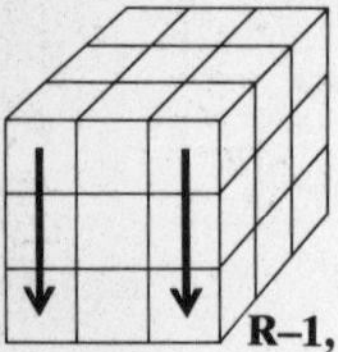
R–1,
L1

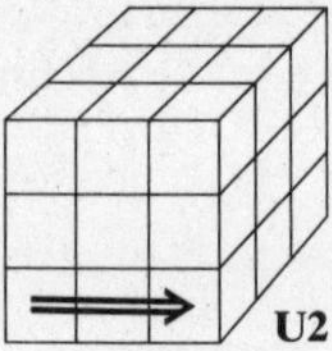
U2

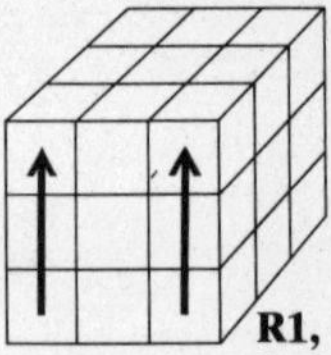
R1,
L–1

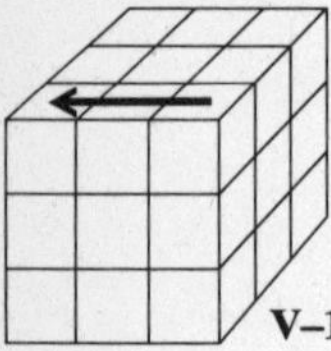
V–1

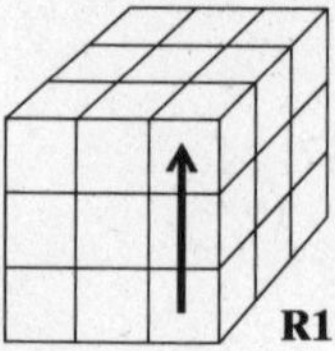
R1

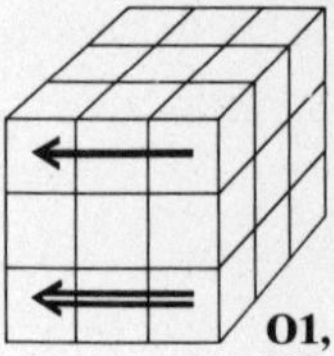
O1,
U2

Das Ergebnis ist dann folgendes:

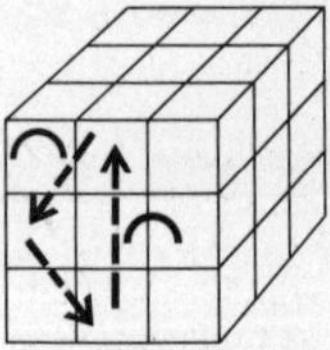

Hier wieder die entgegengesetzte Kombination:

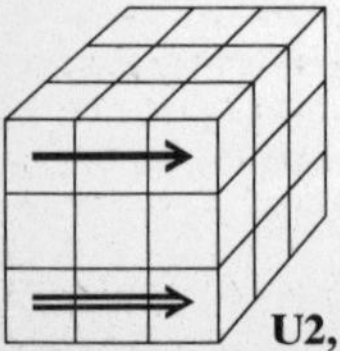
U2,
O–1

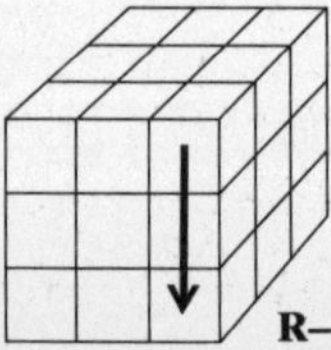
R–1

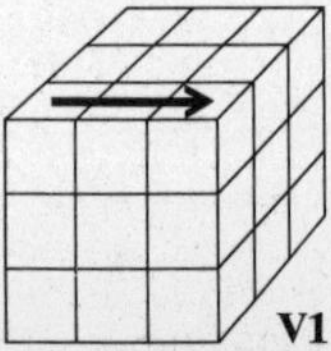
V1

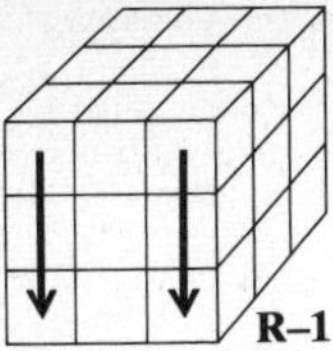

R–1,
L1

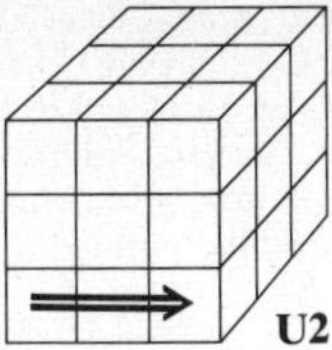

U2

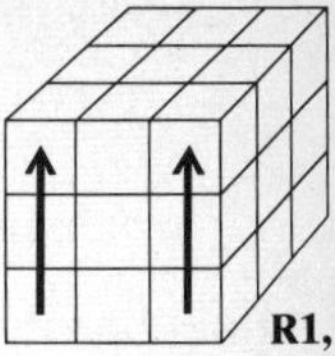

R1,
L–1

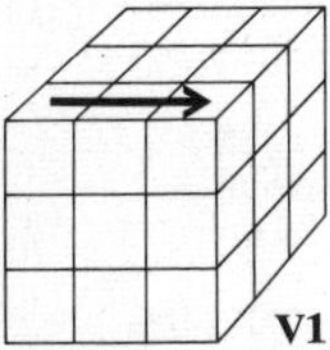

V1

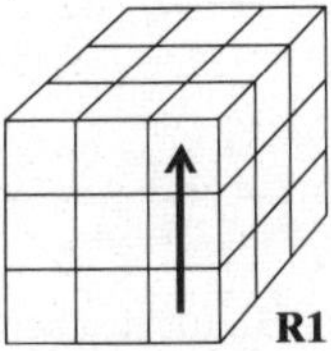

R1

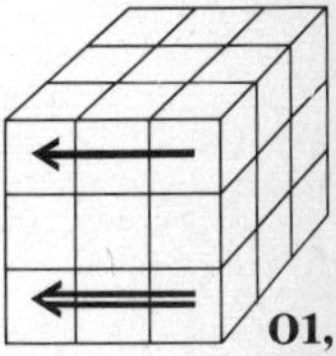

O1,
U2

Das Ergebnis:

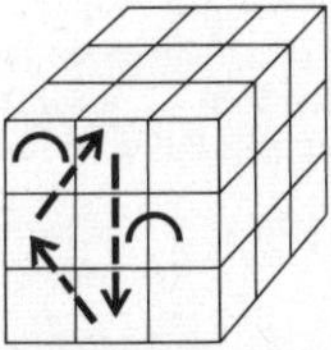

Die beiden letzten Kombinationen unterscheiden sich wieder nur im 4. und im viertletzten Zug, alle anderen Züge sind gleich.
Alle 3 Kombinationen zur Vertauschung inklusive Kippen, sollten Sie auswendig können, die 3 entsprechenden Umkehrkombinationen natürlich auch. Das ist zwar etwas viel auf einmal verlangt, aber bei einiger Übung muß es doch klappen! Sie werden dann auch immer sofort erkennen, welche der 6 Kombinationen sinnvoll anwendbar ist. Wenn Sie den »Vorspann« gut können, ist ja der Rest nicht mehr schwer!
Mit diesen 6 Kombinationen plus den beiden, die 3 Steine ohne zu kippen vertauschen, können Sie jedes Problem auf der letzten zu richtenden Fläche lösen. In vielen Fällen werden Sie mit einer einzigen Kombination die Seitensteine richten können. In den meisten Fällen werden aber 2 Kombinationen nötig sein. Diese in den einzelnen Fällen herauszufinden, überlassen wir Ihnen.
Übrigens: Finden Sie zu dem Thema »Seitensteine richten« für irgendein Problem keine Lösung, so haben Sie vielleicht den Würfel zerlegt und dann in falscher Form zusammengesetzt!
Und nun viel Spaß beim Würfelverdrehen und wieder richtig Zurückdrehen. Sie beherrschen den Würfel jetzt in allen Details.
Sollten Sie noch Interesse an Verbesserungen für einige Sonderfälle haben, lesen Sie das nächste Kapitel.

Verbesserungen des Systems

Beherrschen Sie bereits die bisherigen Punkte und haben Sie noch Interesse und Lernwillen, dann versuchen Sie einige der folgenden Punkte anzuwenden, die das Würfelzurückdrehen weiter beschleunigen: Einige in allen Fällen, einige nur für bestimmte Sonderfälle gültig.

Richten der 1. Fläche

Ein kleiner Vorschlag: Versuchen Sie, jedesmal mit derselben Farbe als 1. Fläche zu beginnen. Das bringt vielleicht auf den ersten Blick keinen Vorteil, aber automatisch haben Sie dann einen schnelleren Blick dafür, welcher Stein an welche Stelle zu kommen hat.
Ein anderer kleiner Hinweis: Wenn Sie den 4. Seitenstein hinaufbringen wollen, braucht die obere Fläche dazu noch gar nicht richtig gedreht zu sein. Sie haben ja nur mehr einen Platz frei für den 4. Stein und können sich nicht mehr irren.
Eine weitere Verbesserung ist beim Richten der Ecksteine möglich: Wenn Sie einen Eckstein an seinen Platz in der 1. Fläche bringen (Sie haben dafür ja immer zwei Möglichkeiten), dann verändert sich der Seitenstein darunter.
Sie können auch beobachten, welcher Seitenstein von der untersten Fläche jeweils in die 2. Schicht kommt und dann eventuell dieses Wissen anwenden. Es genügt aber, hier den speziellen Fall zu beachten:
Der richtige Seitenstein liegt schon zufällig an seinem Platz, bevor Sie den Eckstein darüber hinbringen:

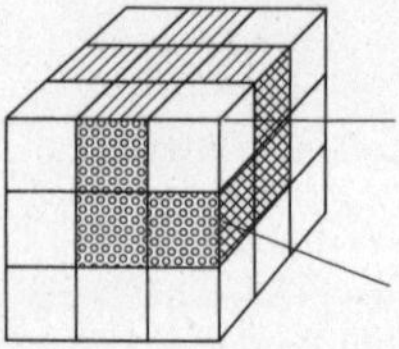

In diesem Fall verdrehen Sie die obere Fläche beliebig, erledigen das Hinbringen des Ecksteins dann dort, wo der richtige Platz für die Ecke inzwischen hingekommen ist und drehen dann die obere Fläche wieder zurück!
Diese Möglichkeit kann man in gar nicht so wenigen Fällen ausnützen. Eine solche Chance kann auch mitten in der Kombination »Untendurchdrehen« auftauchen, dann können Sie blitzschnell umschalten. Es ist dazu natürlich wieder einige Übung notwendig, aber Sie ersparen sich anschließend beim Richten der zweiten Schicht einige Züge.

Ein weiterer Kniff:
Erinnern Sie sich beim Richten der Ecksteine an das »Untendurchdrehen«, wo ein Eckstein mit dem »Gesicht« nach unten wartet: R–1, U2, R1, U1, R–1, U–1, R1

Sie können dieses Problem ja auch auf die andere Art erledigen – wie Sie bereits wissen, gibt es für das Hinaufbringen einer Ecke immer 2 Lösungen. Die ersten 3 Züge bleiben gleich:

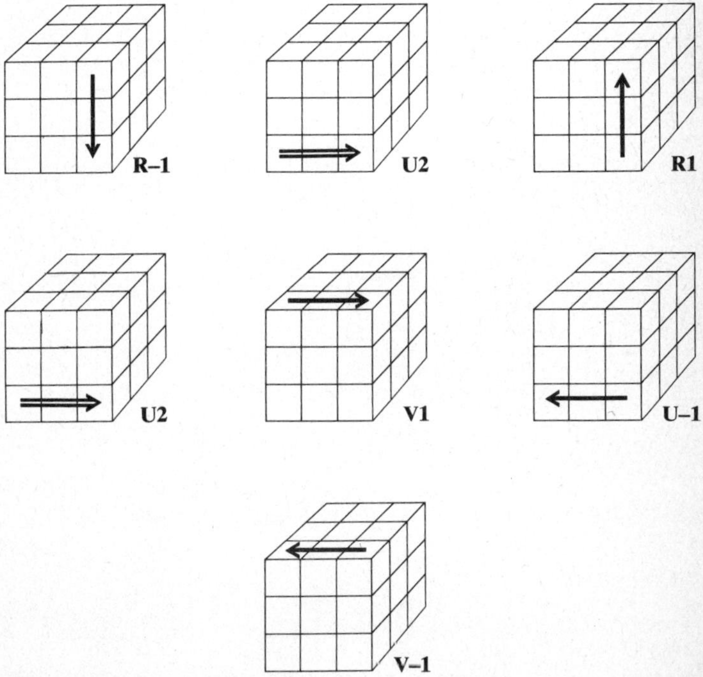

Probieren Sie es aus!
Bei dieser zweiten Art ist der vorher unter dem Eckstein gewesene Seitenstein an seinem Platz geblieben, ist aber dabei gekippt worden! Wenn der Seitenstein schon der richtige war, nur eben gekippt, können Sie diese zweite Variante verwenden. Sie ersparen sich dann beim Richten der 2. Schicht wieder einige (bis zu 15) Züge!
So können Sie jetzt diese beiden letzten Kombinationen wahlweise und gezielt anwenden.
Zusammenfassend kann man hier noch sagen, daß es nicht unbedingt schneller geht, die optimalen Züge bzw. Würfeldrehungen herauszufinden. Wichtig ist meistens nur, daß man zügig weiterdreht und keine großen Denkpausen einschaltet. Dabei brauchen Sie sich aber natürlich auch nicht hetzen zu lassen!

2. Schicht richten

Außer den beiden bekannten Zugfolgen, die einen Stein aus der untersten in die 2. Schicht bringen, können Sie in manchen Fällen folgende Kombination verwenden. Sie hat nur 5 Züge und ist auch äußerst einfach zu merken. Sie stammt von G. Gareis.

Mit den ersten 2 Zügen werden 3 Steine der oberen Fläche »weggespeichert«, dann erfolgt 1 Zug, anschließend die Rückkehr der weggespeicherten Steine!

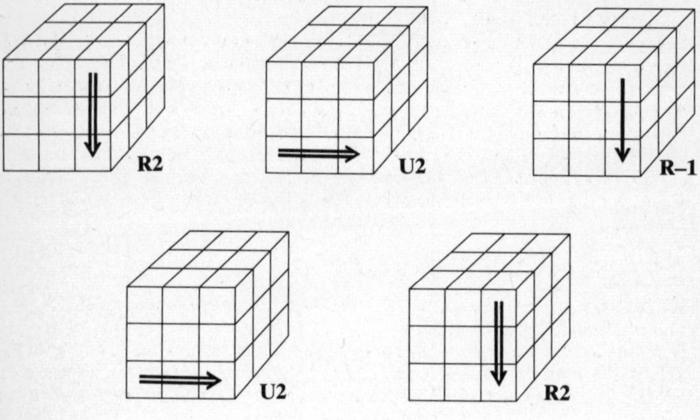

Das Ergebnis:

Die jeweils unten gewesene Farbe der beiden Steine kommt nach vorne bzw. hinten!

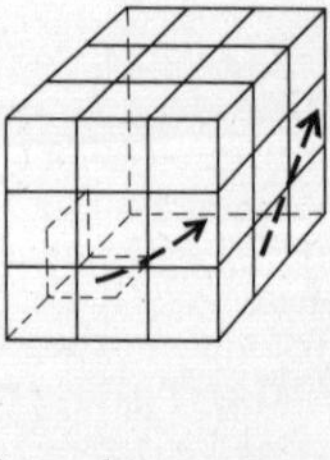

Sie sehen, daß hier nicht ein einzelner Stein, sondern deren 2 von der untersten Schicht in die 2. wandern und zwar auf die beiden Plätze der rechten Seite! Sie dürfen diese Kombination daher nur anwenden, wenn noch beide Plätze in der 2. Schicht unrichtig sind! Das ist noch recht einfach zu erkennen. Etwas schwieriger wird aber folgendes: Sie müssen sich vor Anwendung der Kombination vergewissern, daß dabei mindestens ein Stein gerichtet wird und daß an

keinen der beiden Plätze ein richtiger Stein falsch gekippt hingelangt. Das erfordert natürlich wieder ein wenig Übung. Sehr elegant ist es aber, wenn man mit diesen 5 Zügen gleich 2 Steine auf einmal richten kann. Das wird wohl nicht sehr oft vorkommen, aber manchmal gelingt es doch!
Sollten Sie finden, daß es etwas schwerfällig ist, vor dieser 5zügigen Kombination so viel zu kontrollieren, dann verwenden Sie eben auch weiterhin nur die bekannten 7zügigen Kombinationen! Für die bisher vorhandenen Mittel gibt es aber einen recht ungünstigen Spezialfall. Genau für diesen können Sie obige Kombination auf jeden Fall und blitzschnell anwenden: Wenn 2 nebeneinanderliegende Seitensteine der 2. Schicht am richtigen Platz, aber gekippt sind, dann bringen Sie diese statt mit zwei 7Zügern mit einem 5Züger weg, das heißt Sie bringen irgendwelche 2 Steine hin!
Noch eine Bemerkung für Interessierte: Diese Kombination unterscheidet sich von der bekannten Kombination R2, U2, R2, U2, R2 nur durch den 3. Zug, der jetzt R–1 lautet. Es ist auch eine Kombination möglich, die statt dieses Zuges R–1 den Zug R1 aufweist, aber sonst gleich bleibt. Sie erfüllt genau denselben Zweck wie die Kombination mit R–1, das Ergebnis ist nur »etwa verkehrt«. Sie können es ja selbst probieren, brauchen sie aber nicht zu beherrschen. Sie werden mit der einen neuen Kombination jederzeit das Problem lösen können. Ein einzelner Stein kann gekippt bleiben. Sie richten ihn ganz am Schluß.

Letzte Fläche Ecken tauschen

Hier kann man versuchen, beim Vertauschen der Ecken darauf zu achten, wie sich die Ecken dabei verdrehen.
Die Anwendung dieses Punktes ist aber sehr schwierig und der Erfolg zweifelhaft, deshalb sei die Methode hier nur der Vollständigkeit halber angegeben: Für das Vertauschen zweier Ecksteine kennen Sie bereits die folgende Kombination

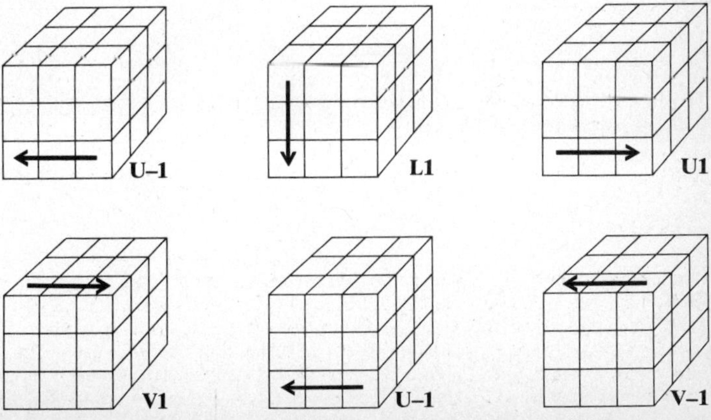

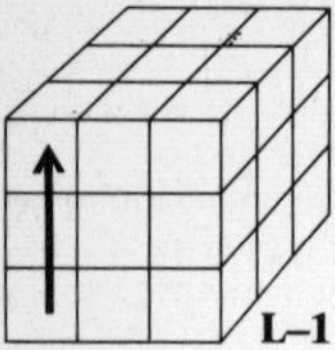
L–1

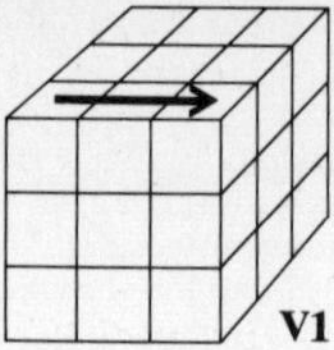
V1

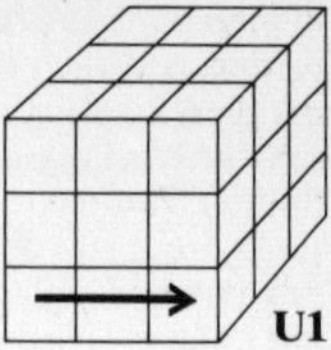
U1

mit dem Ergebnis:

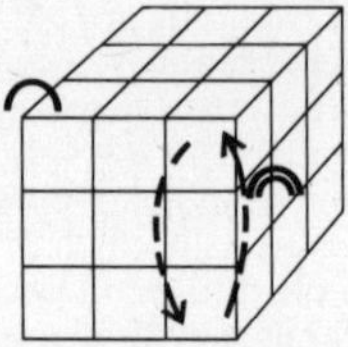

Dabei wurden nicht nur 2 Steine vertauscht, sondern auch einer einmal gedreht und einer zweimal gedreht.

Die Züge in der umgekehrten Reihenfolge und Drehrichtung (Inversion) erledigen dieselbe Vertauschung, führen aber zu anderen Verdrehungen:

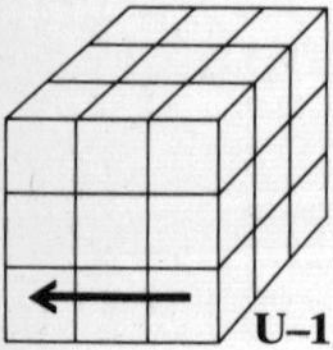
U–1

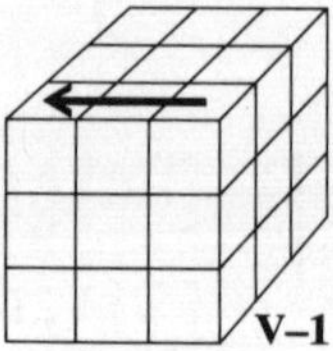
V–1

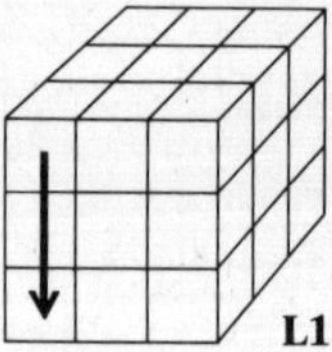
L1

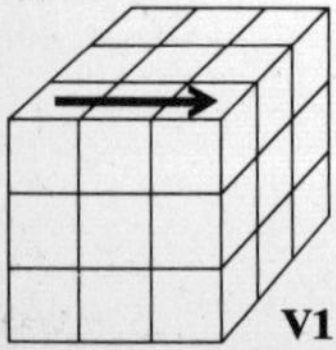
V1

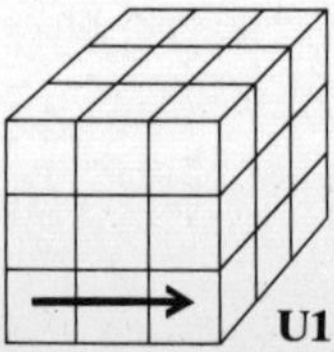
U1

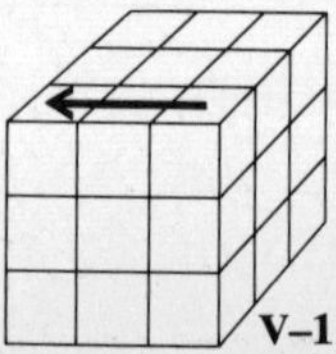
V–1

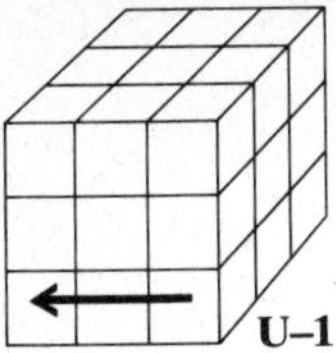
U–1

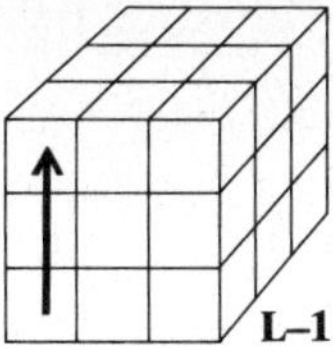
L–1

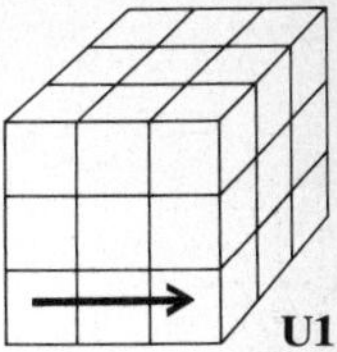
U1

Das Ergebnis:

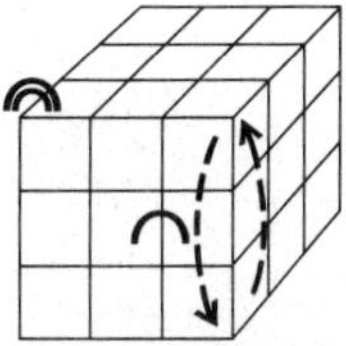

Diesmal blieb der Stein, der vorher rechts unten war, gleich, bei der vorigen Kombination blieb die Ecke gleich gedreht, die zuvor rechts oben war. Diese Idee ist aber etwas schwierig auszuführen. Es ist nämlich nicht ganz so leicht zu erkennen, welche der beiden gleich langen Kombinationen für das anschließende Verdrehen der Ecken die bessere Ausgangsposition bietet! Aber probieren Sie ruhig selbst.

Bei der anderen Kombination, die Sie für das Vertauschen der Ecksteine kennen, geht es ja darum, 2 + 2 Steine zu vertauschen:

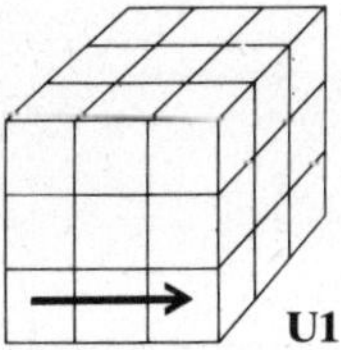
U1

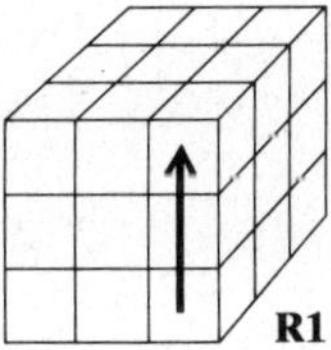
R1

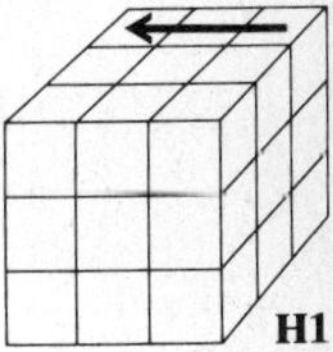
H1

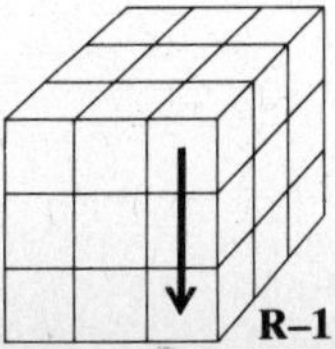
R–1

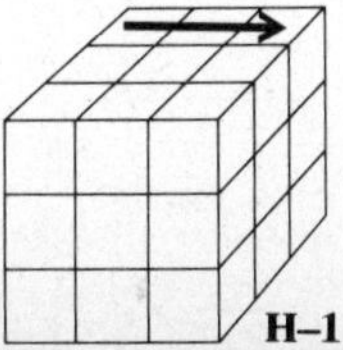
H–1

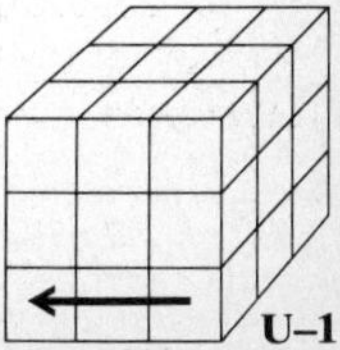
U–1

Das Ergebnis:

Hier ist zusätzlich zu entdecken, daß die beiden Ecken, die nach vorne gekommen sind, verdreht wurden.

Eine Kombination, die dieselbe Vertauschung, aber andere Verdrehungen bewirkt, ist die Umkehrung der vorigen:

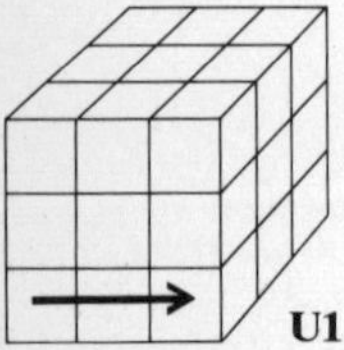
U1

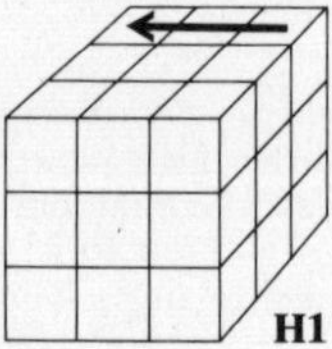
H1

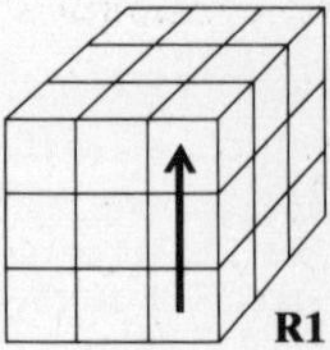
R1

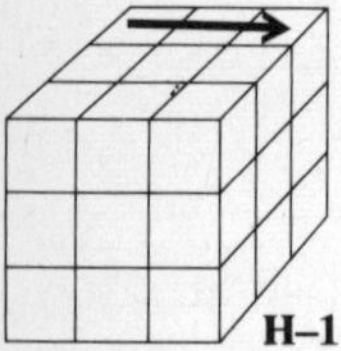
H–1

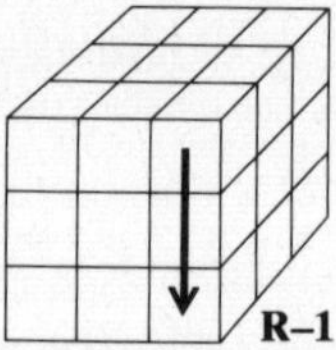
R–1

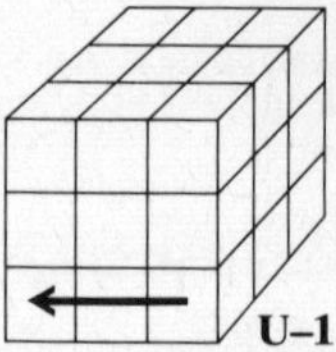
U–1

Das Ergebnis:

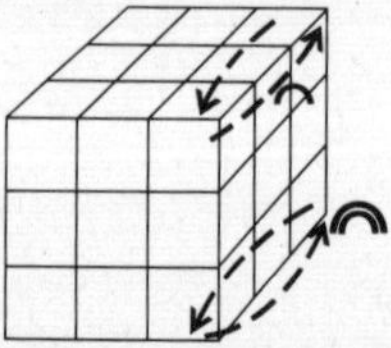

Diesmal wurden die beiden Ecken, die nach hinten gewandert sind, verdreht! Eine der beiden Kombinationen – suchen Sie sich aus welche – können Sie jetzt anwenden: Die letzte zu richtende Fläche ist die rechte und Sie vertauschen 2 + 2 Steine, die Sie vertauschen wollen.

Sie können mit einer dieser beiden Kombinationen aber auch sinnvoll 2 + 2 Steine auf der letzten Fläche vertauschen, die Sie eigentlich gar nicht vertauschen wollen. Erstaunlicherweise führt anschließend an eine solche Kombination eine einzige Drehung der letzten Fläche dazu, daß alle Ecken am richtigen Platz sind!
Sie haben also für ein Problem 2 × 4 = 8 Lösungen zur Verfügung, die verschieden günstige Verdrehungen bewirken. Wenn Sie relativ flott dazu imstande sind, zu beobachten, welche der 8 Lösungen für das spätere Verdrehen die besten Voraussetzungen bietet, viel Spaß! Bei einigem Üben könnte es diesmal zu schaffen sein!

Letzte Fläche Ecken drehen

Hier kann man darauf achten, was beim Verdrehen der Ecksteine den Seitensteinen passiert!
Am einfachsten ist dies bei folgendem Sonderfall:

Mit der Kombination

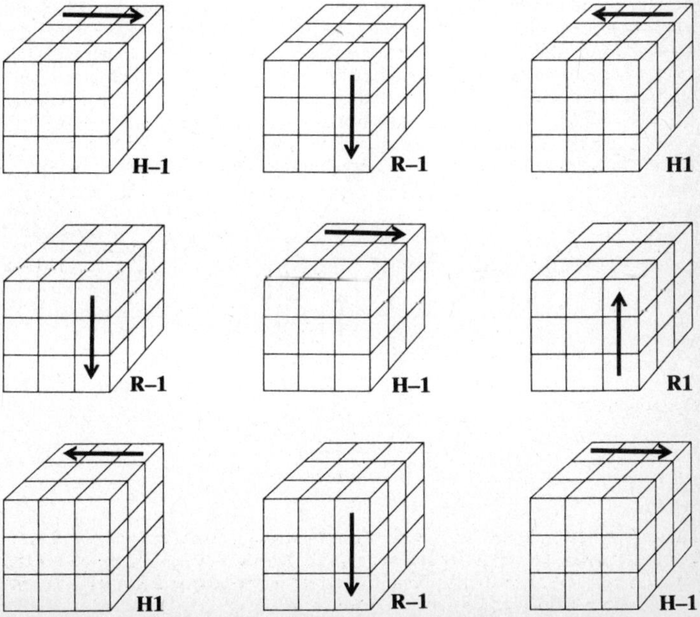

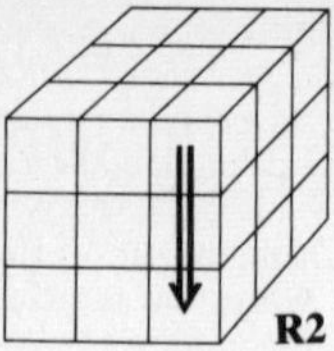
R2

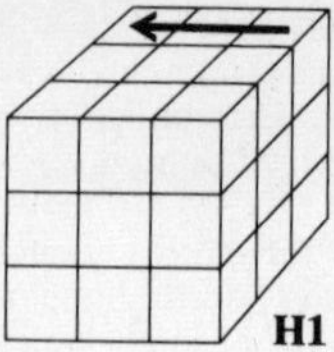
H1

bewirken Sie bekanntlich:

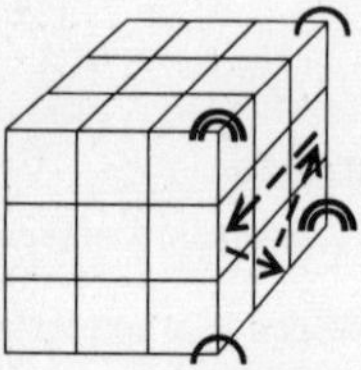

Hier ist noch eingezeichnet, was mit den 4 Seitensteinen passiert. Interessanterweise bleibt einer, der obere an seinem Platz.

Wenn man nun den Würfel vor Anwendung obiger Kombination um 180 Grad kippt (die letzte Fläche bleibt rechts), so ist die Ausgangsposition genau die gleiche. Man braucht also nur zu beobachten, in welchem der beiden Fälle ein oberer Seitenstein bereits an seinem richtigen Platz liegt. Es ist dann recht einfach, eine der beiden Möglichkeiten auszuwählen, und man erspart sich in der nächsten Phase – Richten der Seitensteine – einige Züge.

In einem anderen Sonderfall ist das Ergebnis nicht mehr so leicht zu beobachten:

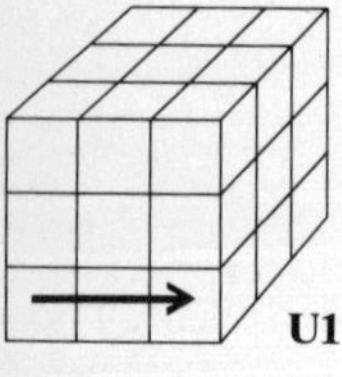
U1

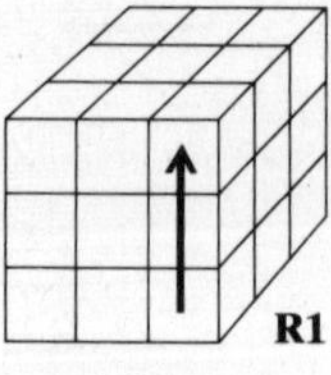
R1

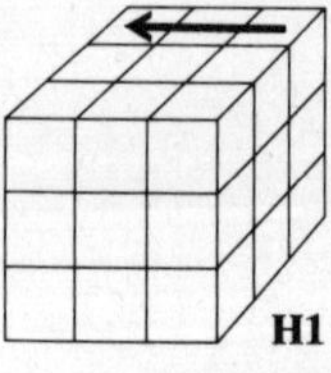
H1

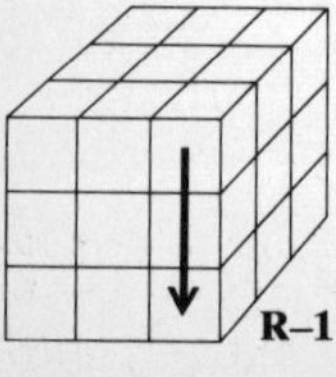
R–1

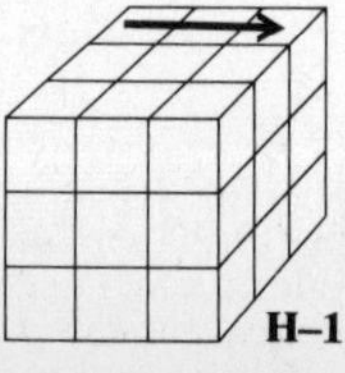
H–1

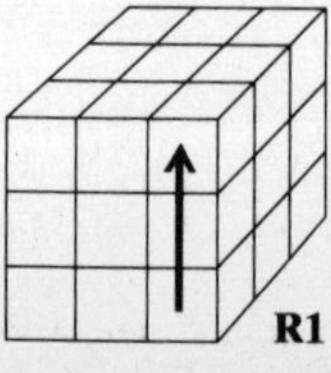
R1

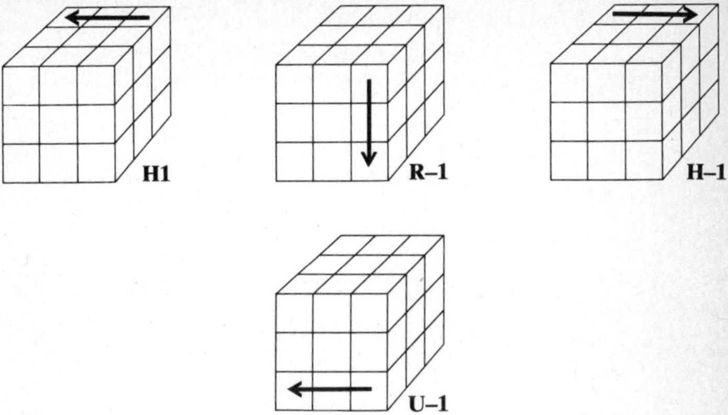

führt bekanntlich zu folgenden Verdrehungen:

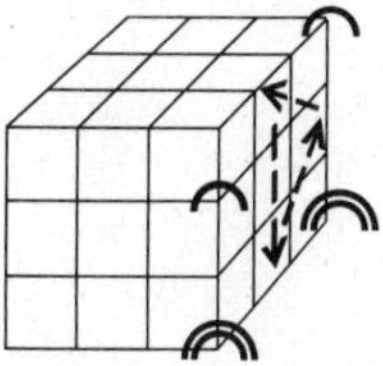

Die umgekehrte Kombination:
U1, H1, R1, H–1, R–1, H1, R1, H–1, R–1, U–1
führt zu »fast« denselben Verdrehungen, aber anderen Vertauschungen der Seitensteine:

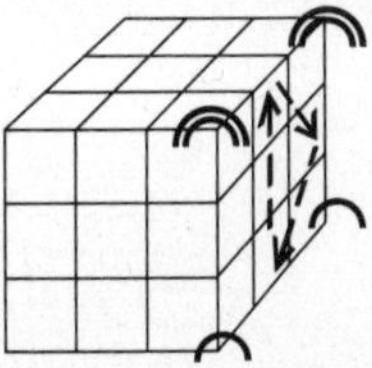

Wie Sie sehen, müssen Sie den Würfel, um dasselbe Ergebnis wie bei der ersten Kombination zu erreichen, auch noch umgekehrt halten. Also etwas schwierig. Man könnte aber auch diese Idee fallweise günstig verwenden.

Letzte Fläche Seitensteine richten

Hier wird es wieder interessant. Es sind da einige Kombinationen möglich, die statt 3 gleich alle 4 Seitensteine richten, was das Zurückdrehen in einigen Sonderfällen sehr beschleunigt:
Alle diese Kombinationen beruhen wieder auf den einfachen Kombinationen aus dem Kapitel »Drei Beispiele«, und zwar diesmal auf denen, die 2+ 2 Steine vertauschen. Und natürlich gibt es wieder einen (oder auch einen doppelten) Vorspann und einen Nachspann.

A Zuerst kommen 3 Vertauschungsvarianten von 2 + 2 Nachbarsteinen.

Bei dieser Kombination soll keiner der 4 Steine gekippt werden.

Ein einfacher Vorspann R2, L2, U–1 bringt den rechten und den linken Seitenstein nach unten, ohne daß dabei einer gekippt wird.
Die Kombination besteht aus 12 Zügen und lautet also:

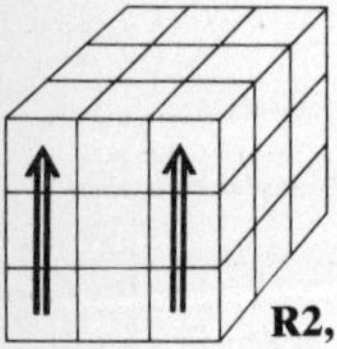

R2, L2

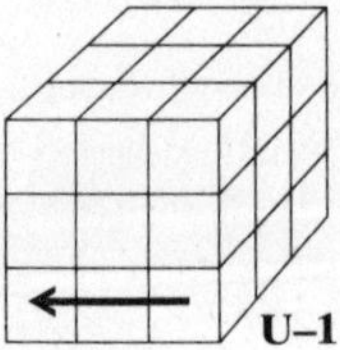

U–1

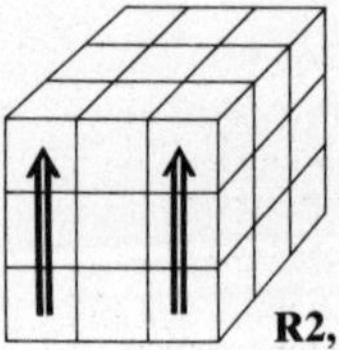

R2, L2

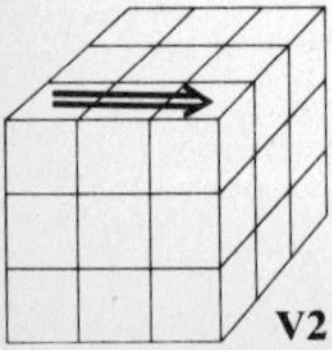

V2

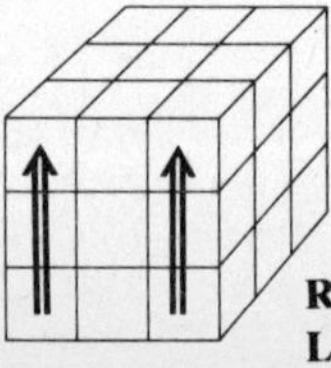

R2, L2

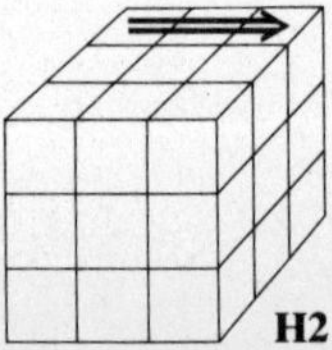

H2

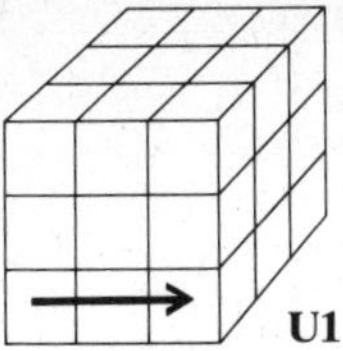

U1

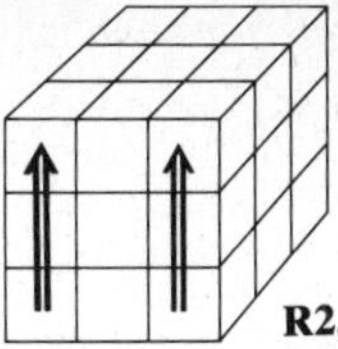

R2,
L2

B

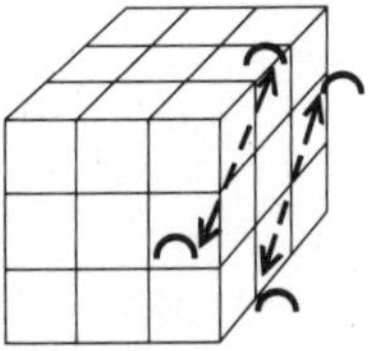

Alle 4 Steine sollen gekippt werden.

Die Kombination hat wieder einen einfachen Vorspann: O–1, U–1, H–1, der die Steine in die richtige Stellung für die Kombination R2, U2, R2, U2, R2, U2 bringt und sie hat ebenfalls nur 12 Züge:

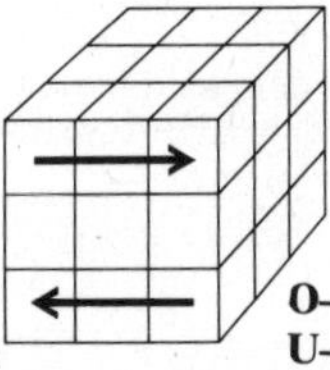

O–1,
U–1

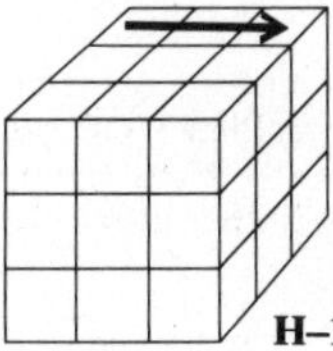

H–1

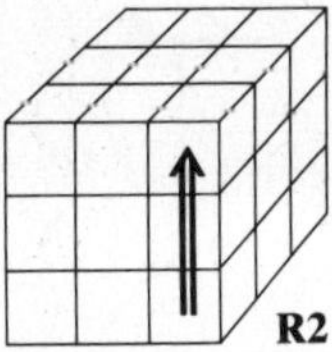

R2

Diese beiden Züge bitte dreimal durchführen. ▶

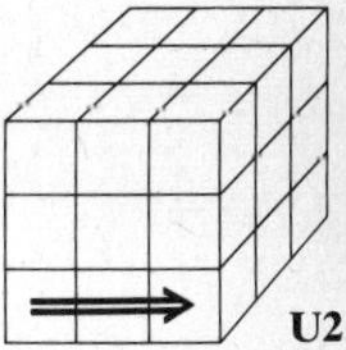

U2

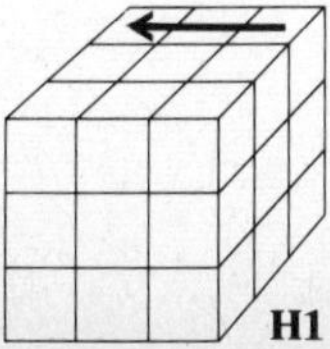

H1

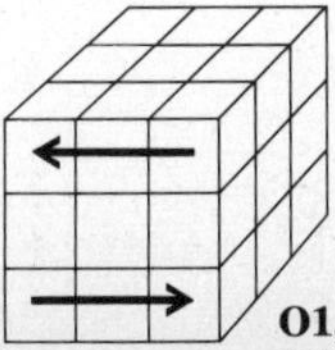

O1,
U1

Außer für den Fall, daß man mit dieser Zugfolge alle 4 Steine gleich richten kann, kann man diese Kombination auch noch in den beiden folgenden Fällen sinnvoll verwenden:

Alle 4 Steine sind am richtigen Platz, aber gekippt. Nach Durchführen der Kombination B ist nur mehr die Kombination A notwendig, um alle Steine wieder richtig zurückzubringen, also zusammen 24 Züge.

Der andere Fall: Wieder sind alle 4 Seitensteine gekippt, aber nur einer am richtigen Platz: Nach Durchführen der Kombination B muß nur noch eine Dreiervertauschung ohne Kippen durchgeführt werden.

Also 12 + 10 = 22 Züge, anstatt von zwei Dreiervertauschungen, bei denen man erst nachdenken muß, mit 11 + 13 = 24 Zügen.

C

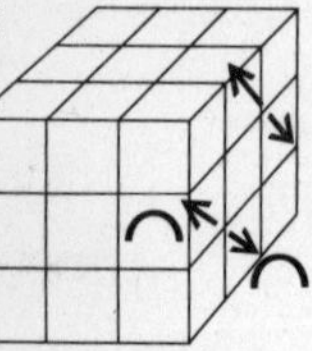

Nur 2 Steine kippen; hier wird es wieder etwas komplizierter und länger.

Diese Kombination müssen Sie auch nicht mehr unbedingt beherrschen.

Sie beruht auf einem Vorspann O1, R–1, V1, der einen Stein kippt und dann wieder an seinen Platz im Kreis der Seitensteine bringt. Anschließend wird die vollständige vorige Kombination B durchgeführt.

Die Kombination hat also 18 Züge:

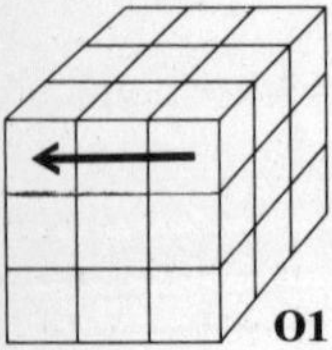

O1

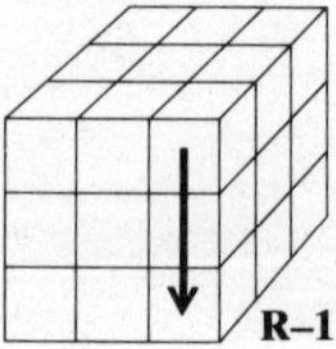

R–1

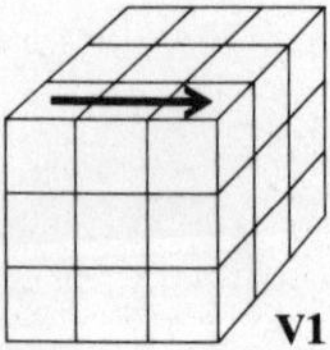

V1

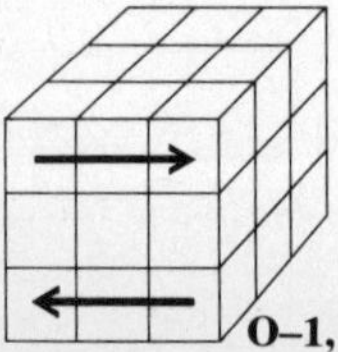

O–1,
U–1

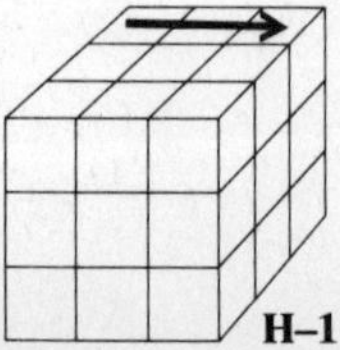

H–1

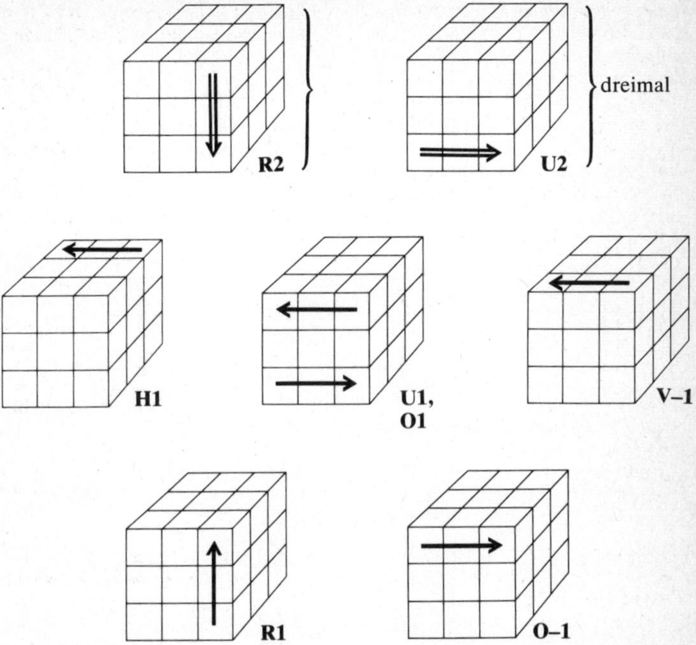

Die 2 Steine, die bei dieser Drehfolge gekippt wurden, sind 2, die miteinander getauscht werden. Eine Kombination, die 2 anders liegende Steine kippt und dabei dieselben 4 Steine tauscht, müßte erst noch gefunden werden! Das wird aber wahrscheinlich recht schwierig sein.

D Jetzt kommen 3 Vertauschungsvarianten von zwei und zwei gegenüberliegenden Seitensteinen. Es ist hier allerdings nicht unbedingt notwendig, außer der ersten jetzt folgenden auch die beiden anderen Kombinationen zu beherrschen.

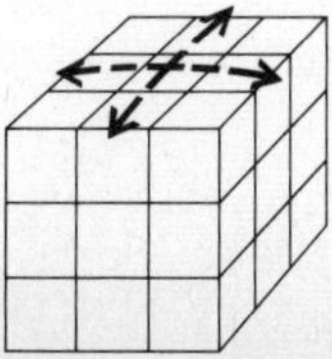

Kein Stein soll gekippt werden.

Der Vorspann mit Hinunterbringen des linken und rechten Steins ist R2, L2, U–1, also wie in Kombination A, aber die Hauptkombination ist leicht abgewandelt

R2, L2, O2, R2, L2, U2 statt R2, L2, V2, R2, L2, H2

Der letzte Zug der eigentlichen Kombination und der 1. des Nachspanns behandeln dieselbe Fläche und können also zusammengefaßt werden.
Die Kombination hat daher nur 11 Züge und lautet:

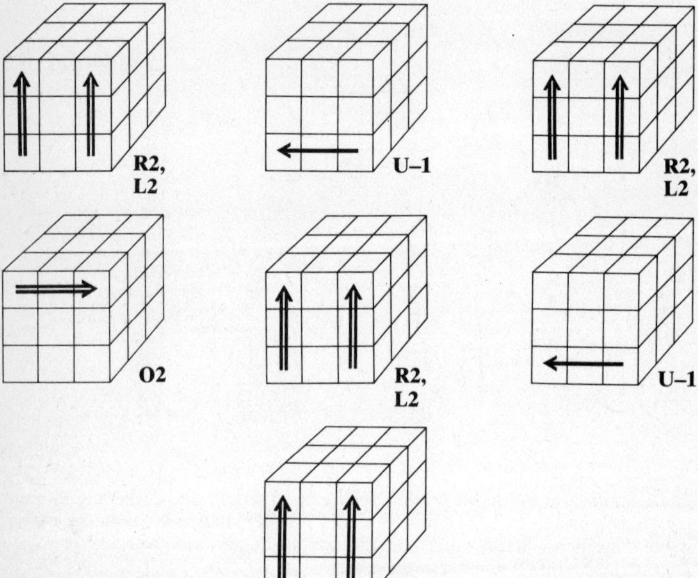

E

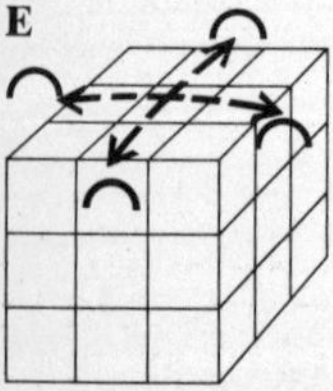

Alle 4 Steine sollen gekippt werden:

Mit dem Vorspann L1, V–1, L–1, V2 wechseln 2 Steine ihren Platz, dann wird die vollständige Kombination A durchgeführt.

Die Kombination hat also dann (leider) 20 Züge und lautet:

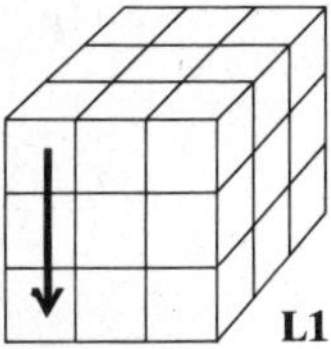

L1

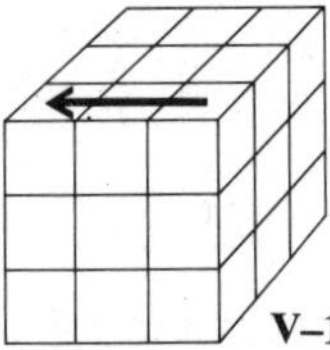

V–1

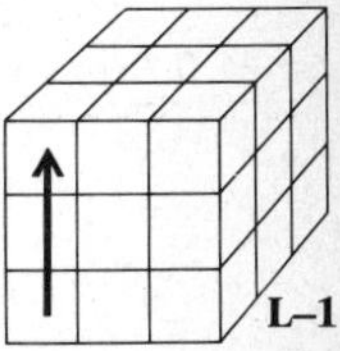

L–1

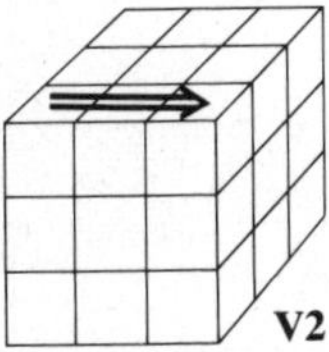

V2

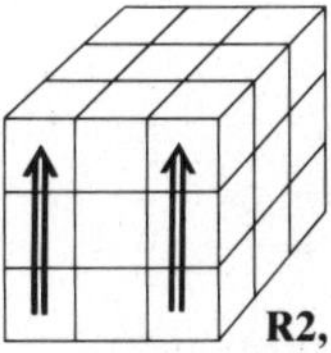

R2, L2

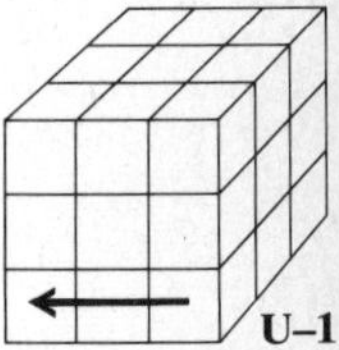

U–1

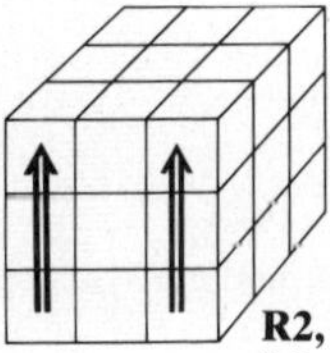

R2, L2

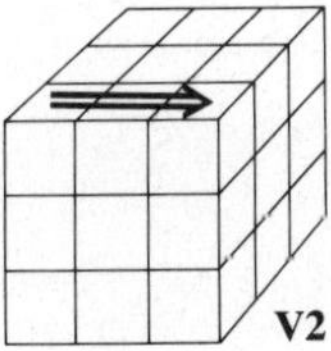

V2

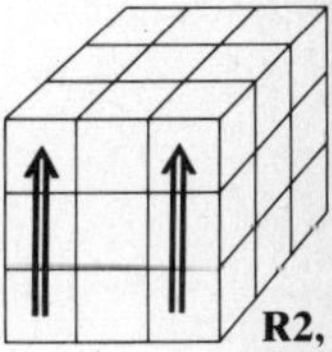

R2, L2

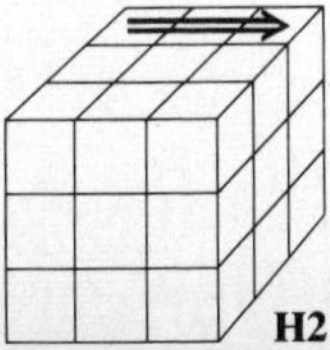

H2

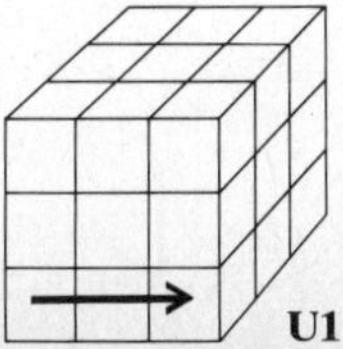

U1

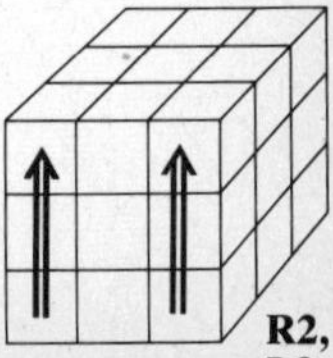

R2, L2

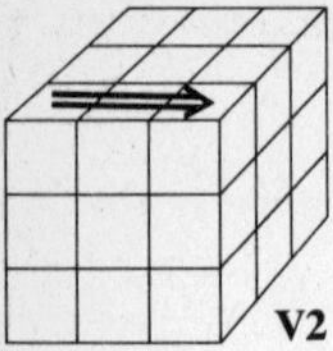

V2

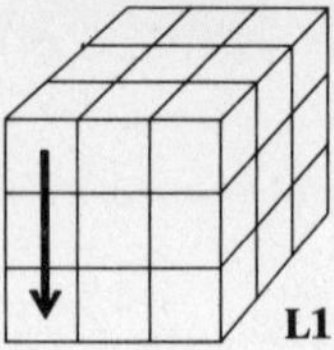

L1

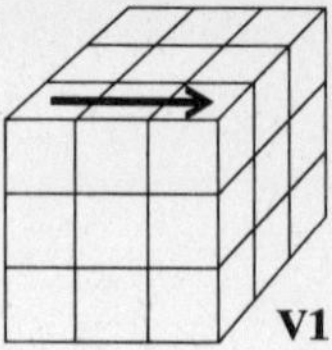

V1

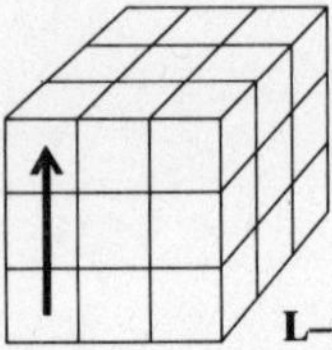

L–1

Etwas lang also, aber immer noch kürzer als 2 Dreiervertauschungen mit Kippen!

F

Nur 2 Steine
sollen gekippt werden:

Durch den Vorspann V1, R–1, L1, U1, V1 wird der rechte und der vordere Stein nach unten gebracht, der linke Stein wird gekippt.
Die Kombination hat 16 Züge und lautet:

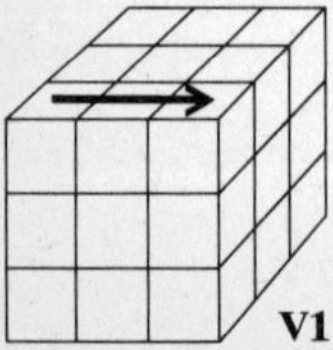

V1

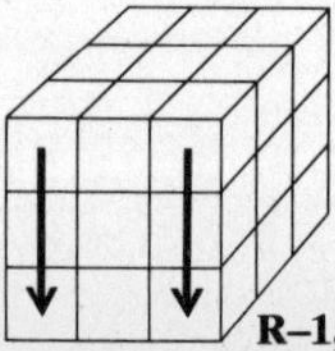

R–1,
L1

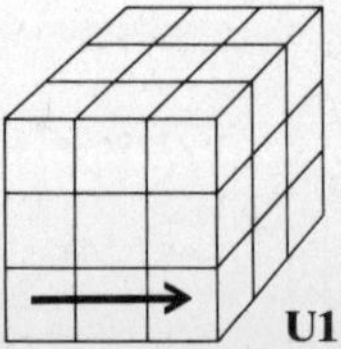

U1

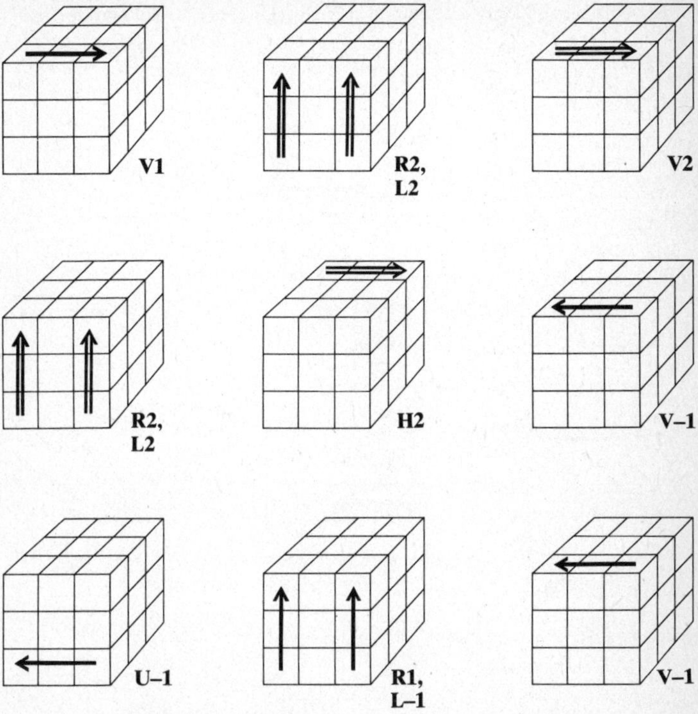

Für diese Kombination gilt dasselbe wie für die Kombination c): Für eine Kippung zweier anderer Steine als von 2 zu vertauschenden müßte man erst noch eine Zugfolge erfinden!

Wenn Sie sich die letzten 6 Kombinationen oder zumindest einige davon merken wollen, beachten Sie folgendes:

Sie müssen natürlich immer wissen, bei welcher Kombination Sie den Würfel so halten müssen, daß die letzte Fläche die rechte ist und bei welcher so, daß die letzte Fläche die obere ist.

Das ist einfach: Nur die beiden 2 + 2 Nachbarstein – Vertauschungen inklusive Kippen haben dabei die letzte Fläche rechts!

Dann sollten Sie auch noch von jeder Kombination in etwa wissen, warum sie so funktioniert und damit den Vorspann und die eigentliche Kombination auseinanderhalten können. Dann müßte es bei etwas Übung klappen!

Hier noch einige Kombinationen, die von Mr. Singmaster stammen:

G

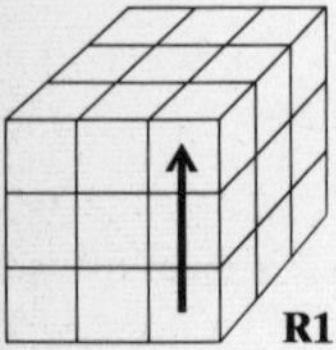
R1

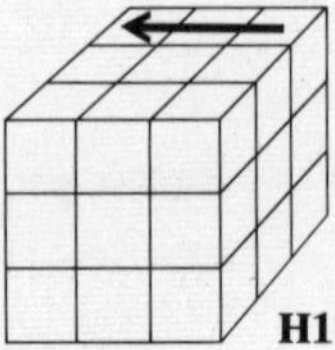
H1

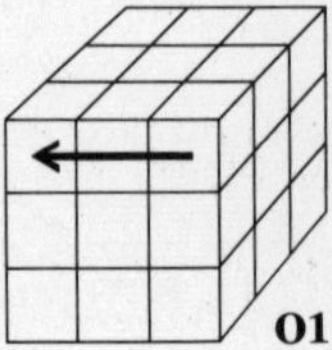
O1

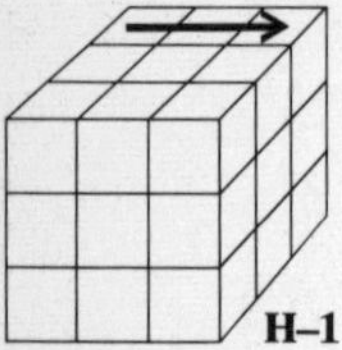
H–1

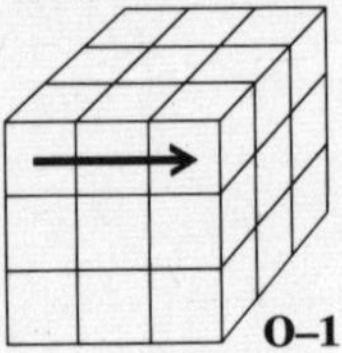
O–1

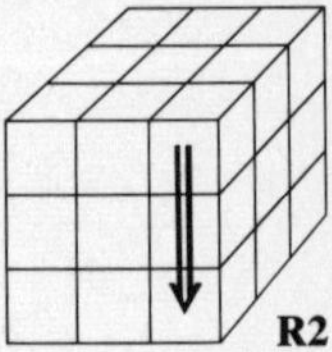
R2

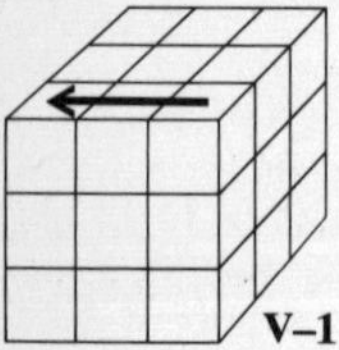
V–1

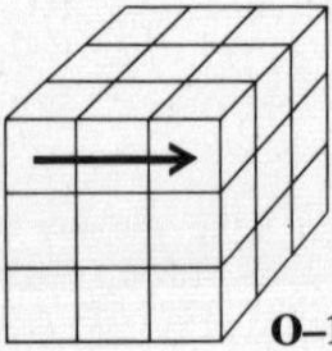
O–1

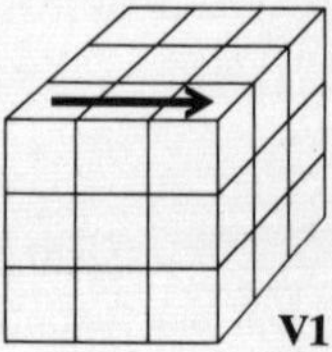
V1

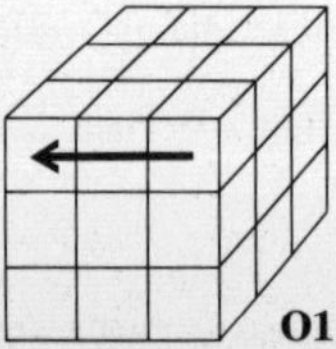
O1

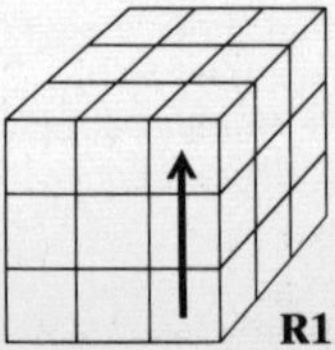
R1

mit dem Ergebnis:

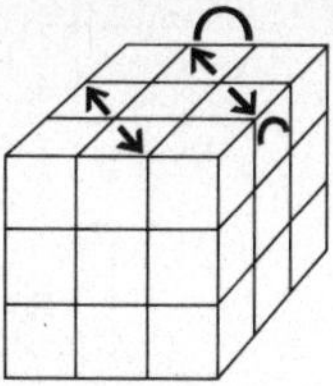

Diese 11zügige Kombination von D. E. Taylor erfüllt denselben Zweck wie meine Kombination C, ist aber wesentlich kürzer.

H Dies ist eine Kombination, wie sie in Punkt F gewünscht wurde. Sie hat 10 Züge und stammt von »3D« – Jackson:

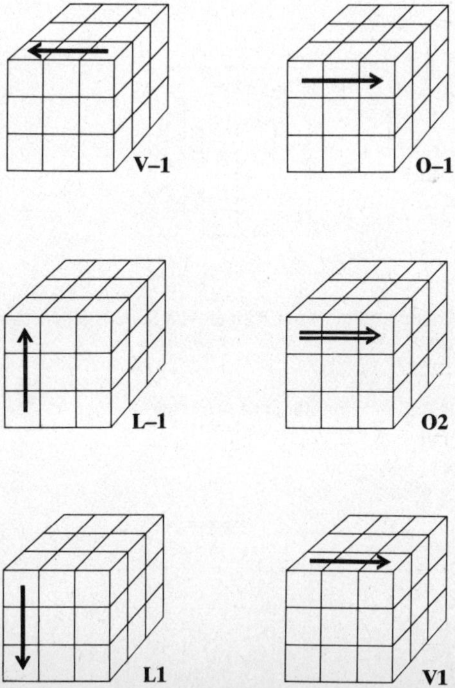

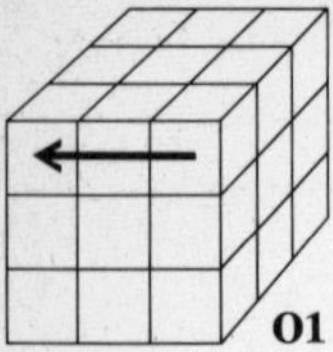
O1

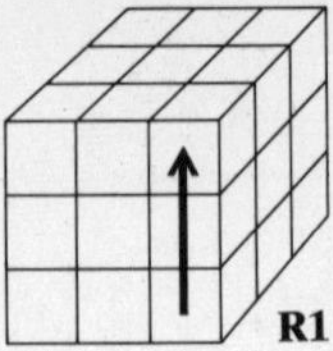
R1

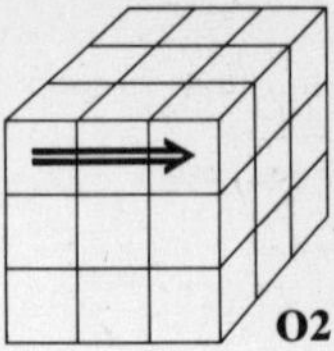
O2

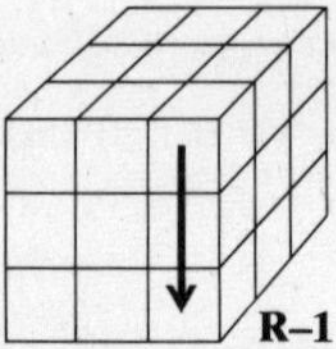
R–1

Das Ergebnis:

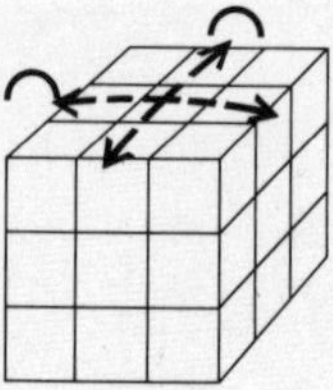

Nun noch 2 Kombinationen zum Kippen von Seitensteinen: Sonst soll nichts verändert werden.

I Diese Kombination kippt alle 4 Seitensteine. Sie hat 14 Züge und stammt von Thistlethwaite:

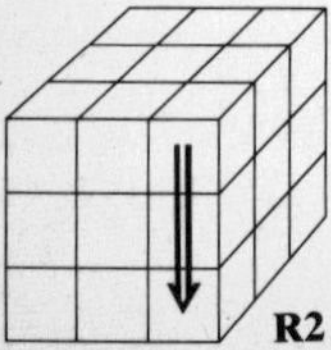
R2

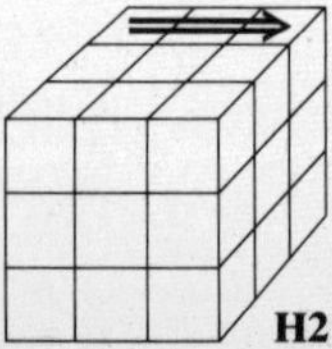
H2

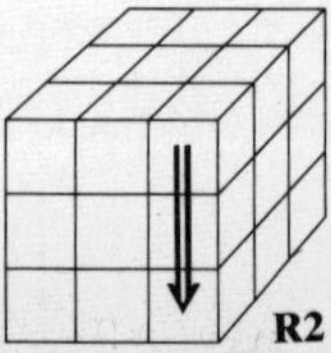
R2

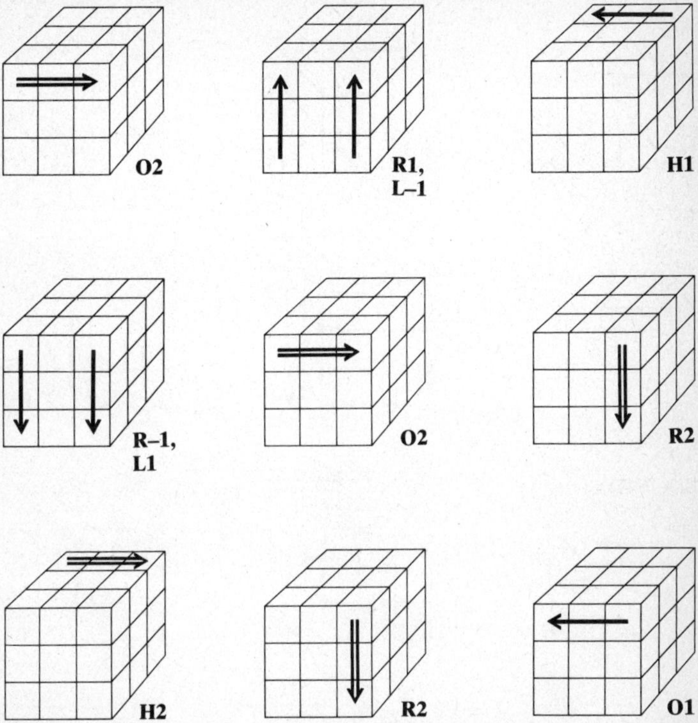

Das Ergebnis:

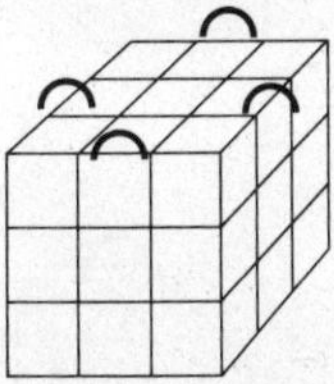

J Die nächste Kombination stammt von F. Barnes (14 Züge).

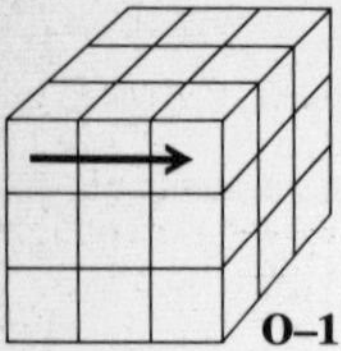
O–1

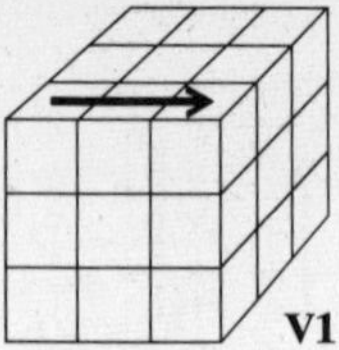
V1

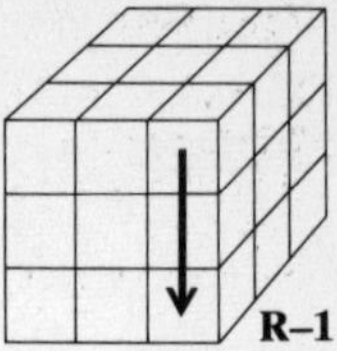
R–1

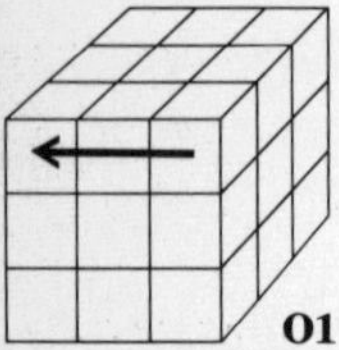
O1

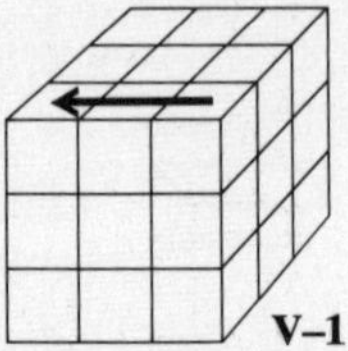
V–1

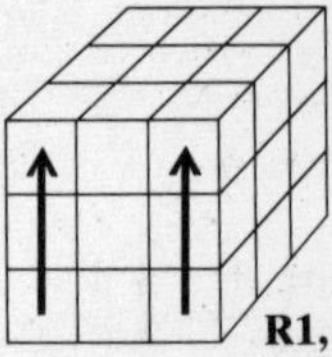
R1,
L–1

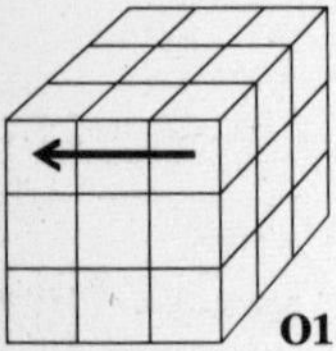
O1

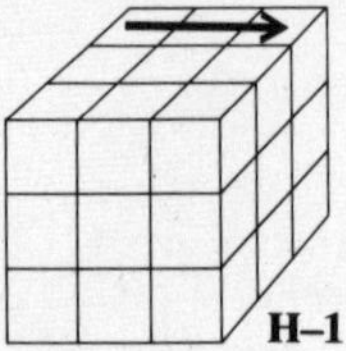
H–1

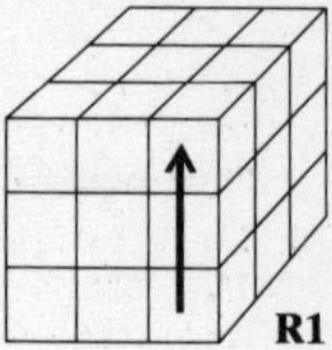
R1

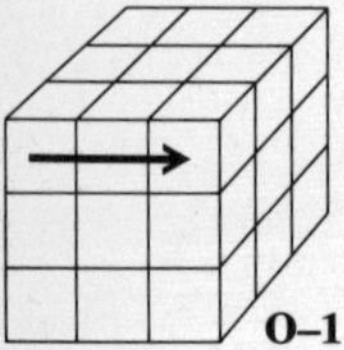
O–1

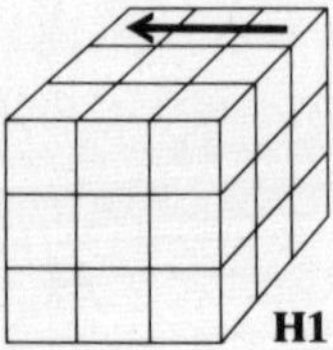
H1

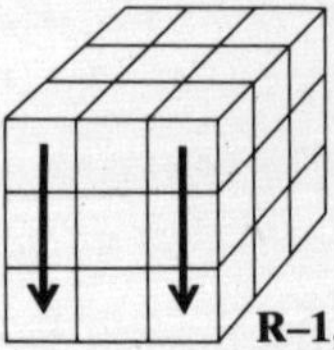
R–1,
L1

Das Ergebnis:

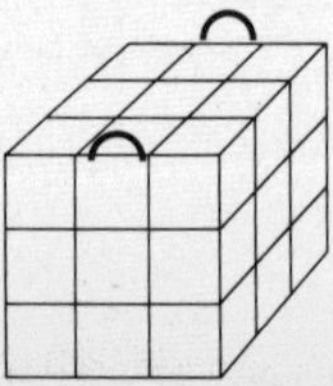

Zusammenfassung des Systems

Jetzt kennen Sie wirklich alle Finessen, die Sie zum schnellen und richtigen Würfeldrehen brauchen.
Hier noch einmal eine kurze Zusammenfassung, wie Sie am besten beim Zurückdrehen des Würfels vorgehen: Es sind aber bereits einige Verbesserungen aus dem vorigen Kapitel berücksichtigt!

Bitte beachten Sie noch einmal unbedingt die Reihenfolge der Teilschritte:

1. Auf der 1. Fläche Seitensteine richten:
   Jedesmal mit derselben Farbe als 1. Fläche beginnen. Eventuell schon auf Ecksteine achten.
2. Auf der 1. Fläche Ecksteine richten:
   Dabei bereits auf die Steine der 2. Schicht achten!
3. 2. Schicht des Würfels richten:
   Zunächst überprüfen, ob einfache Kombinationen anwendbar sind.
4. Letzte Fläche: Ecken an die richtige Stelle bringen:
   Hier bereits auf das Drehen der Ecken zu achten, wird wohl zu schwierig sein!
5. Letzte Fläche: Ecken richtig verdrehen:
   Hier bereits darauf zu achten, was mit den Seitensteinen passiert, wird in manchen Fällen möglich sein.
6. Letzte Fläche Seitensteine richten:
   Hier kann man einige Sonderfälle für das Vertauschen von 2 + 2 Steinen und für das Kippen von Seitensteinen anwenden!

Damit haben Sie den Würfel – meiner Meinung nach – optimal gelöst.

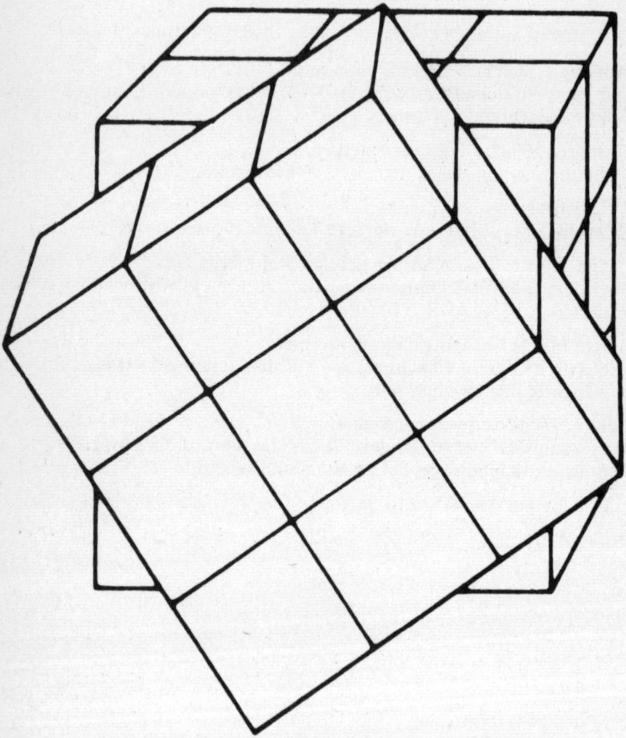

Ein Beispiel für 1x Richten des ganzen Würfels

Damit Sie an einem Beispiel möglichst viele Kombinationen sehen können, richten wir den Würfel einmal von A bis Z mit meinem System. Dabei müssen Sie natürlich immer die hier angegebenen Züge auf Ihrem Würfel genau nachspielen, sonst kommen Sie aus dem Konzept. Wenn Sie aber einen von Ihnen beliebig verdrehten Würfel richten wollen, dürfen Sie selbstverständlich so vorgehen, wie Sie es für das Beste halten.

Verdrehen

Zunächst müssen wir den Würfel möglichst bösartig verdrehen.
Vor dem Verdrehen halte ich meinen Würfel auf eine bestimmte Art, die sich zufällig ergeben hat. Sie müssen Ihren Würfel natürlich ganz genauso halten, um dieselben Verdrehungen zu bekommen:

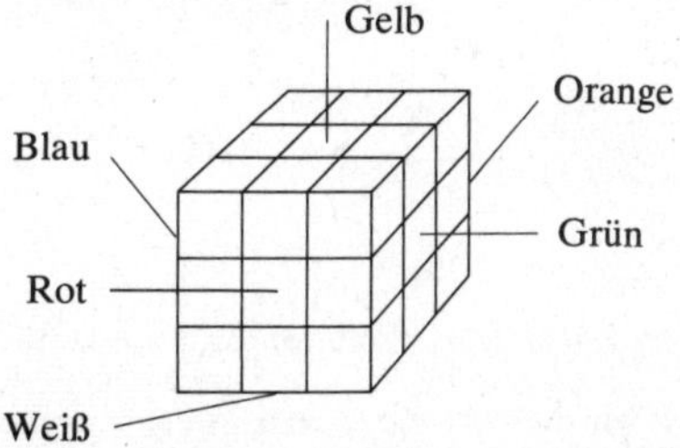

Falls Sie ein Würfelmodell besitzen, auf dem andere Farben oder andere Farbenverteilungen auftreten, sollten Sie als Hilfe auf dieser Zeichnung und auch in der Folge die angeführten Farbenzeichnungen durch die auf Ihrem Würfel zutreffenden ersetzen. Sonst wissen Sie dann beim Richten des Würfels nicht so einfach, wie Sie den Würfel halten sollen!
Sie halten den Würfel also wie in der vorher gezeigten Skizze und verdrehen ihn mit den folgenden Zügen:

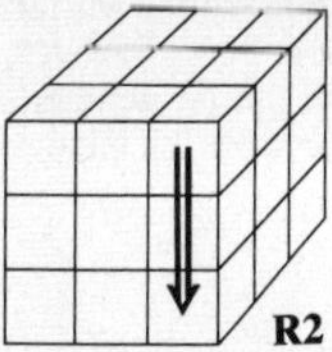
R2

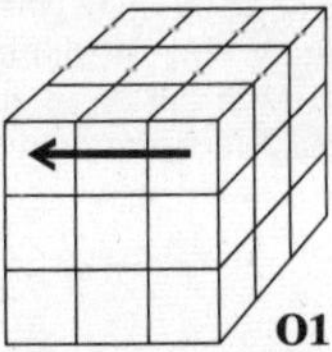
O1

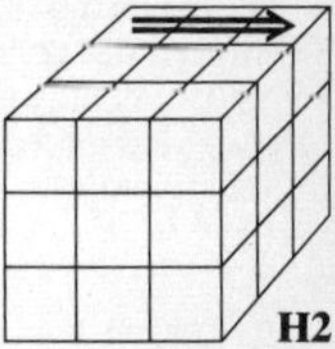
H2

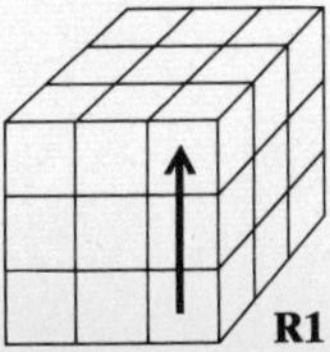
R1

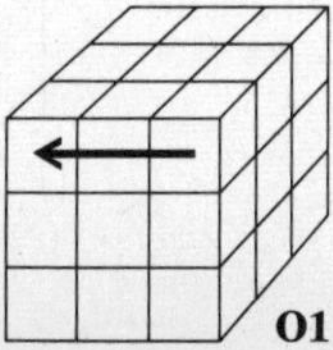
O1

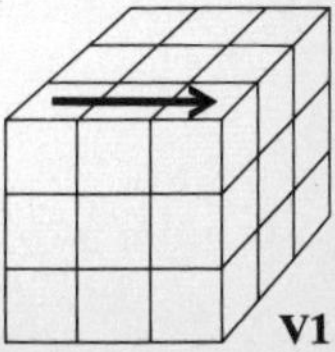
V1

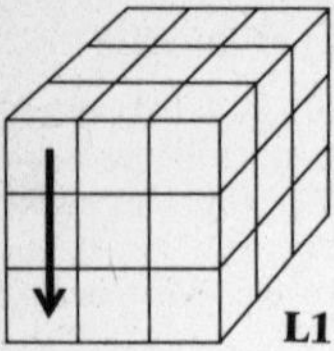

L1

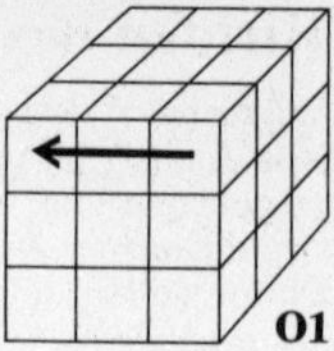

O1

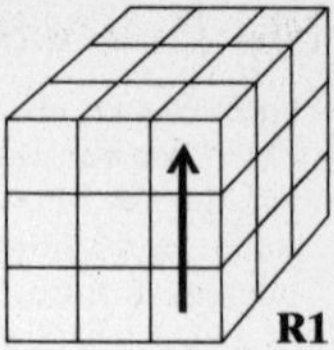

R1

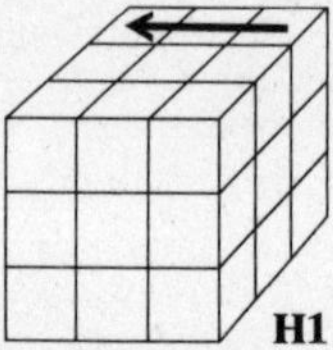

H1

Mit diesen wenigen Zügen ist der Würfel recht »ordentlich« verdreht, es ist z. B. kein einziger Seitenstein bei seinem Mittelstein geblieben.
Natürlich könnten wir diese 10 Züge jetzt in der umgekehrten Reihenfolge durchführen und hätten den Würfel wieder in Ordnung. Das ist aber nicht der Sinn der Übung. Wir wollen also die 10 Züge quasi »vergessen« und beginnen mit meinem System zum

Richten des Würfels

Es ist jetzt relativ egal, wie ich den Würfel halte:
Ich kippe ihn z. B. einfach um 90 Grad nach rechts. Sie müssen natürlich genauso handeln!
Ich fange also so an: Die blaue Seite ist oben (die Seite mit dem blauen Mittelstein) und die gelbe Seite rechts. Wenn Sie einen Würfel mit anderer Farbverteilung haben, müssen Sie natürlich die dann entsprechende Farbe nehmen.
Ich beginne jetzt damit, die blaue Fläche zu richten. Und zwar fange ich mit den Seitensteinen an:

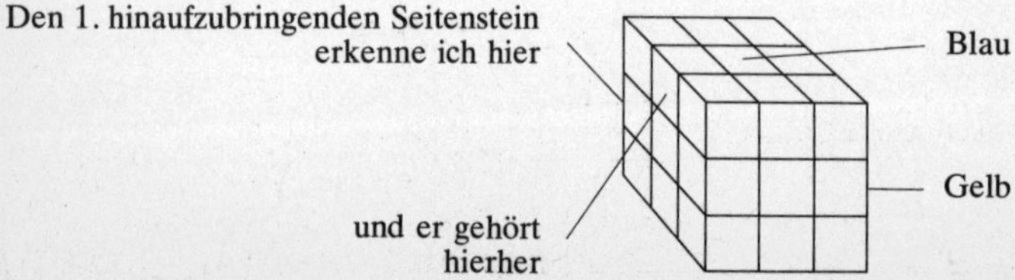

Mit den beiden folgenden Zügen

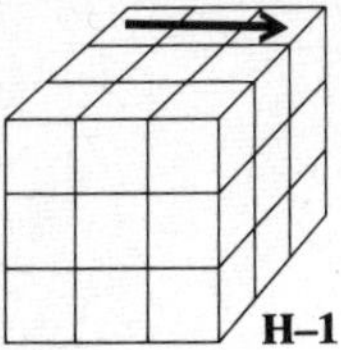

H–1

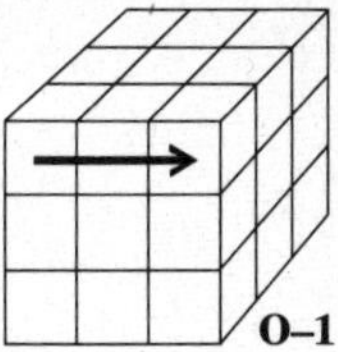

O–1

gelangt
er hinauf!

Den nächsten Seitenstein
erkenne ich hier

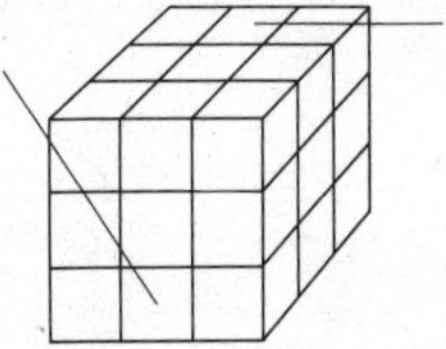

Er gehört hierher

Wieder 2 Züge:

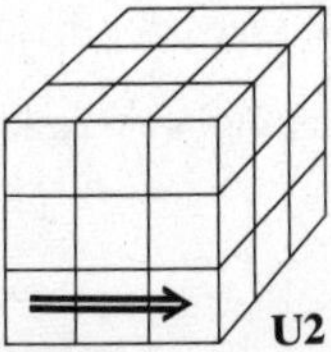

U2

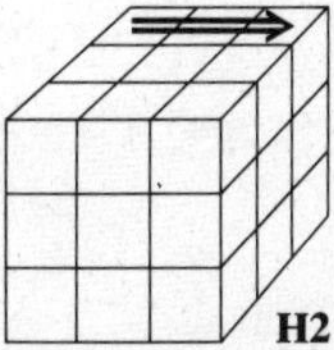

H2

Oben
angelangt!

Wir halten den Würfel immer noch genau so, wie zu Beginn des Richtens!

Der nächste Seitenstein ist
hier hinten unten

. . . und gehört hierher

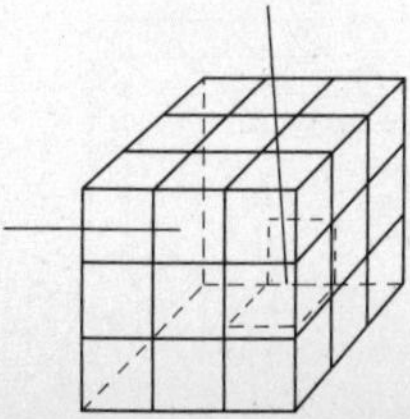

3 Züge:

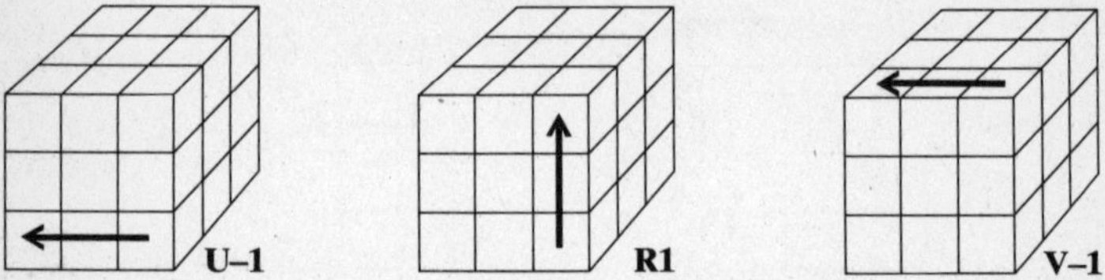

Damit fehlt nur mehr ein Seitenstein, dieser ist direkt unter seinem richtigen Platz und kommt mit einem Zug

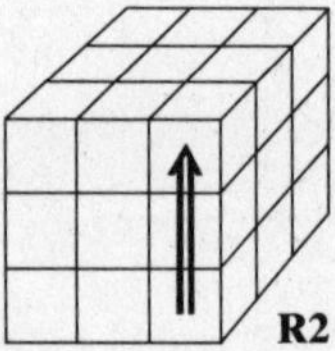

hinauf!

Jetzt sind alle 4 Seitensteine oben und wir können darangehen, die Ecksteine hinaufzubringen.
»Zufälligerweise« sind sogar schon 2 Ecksteine an ihrem richtigen Platz!

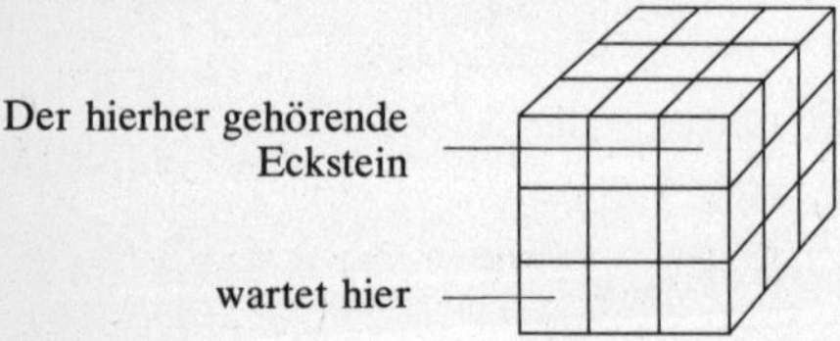

Mit 3 Zügen:

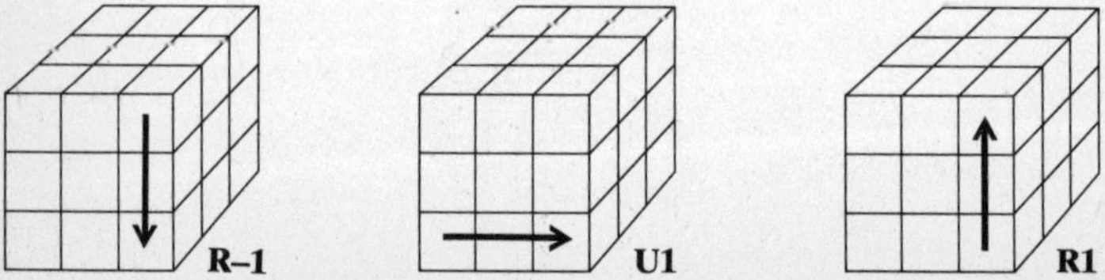

ist er oben!

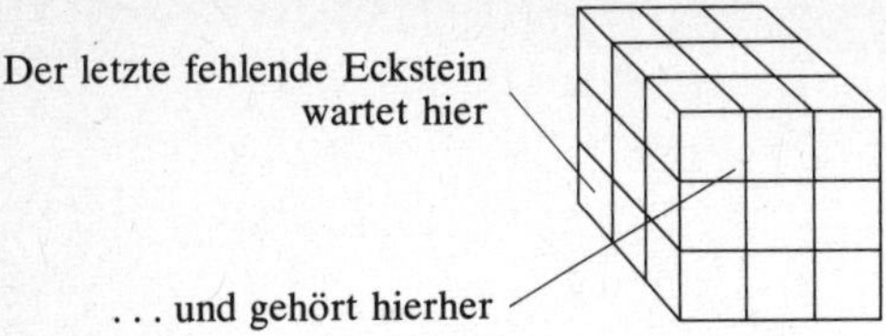

Unter dem Platz, den der Eckstein einnehmen soll, ist allerdings schon ein richtiger Seitenstein. Diesen würden wir »zerstören«, brächten wir den Eckstein so einfach hinauf. Deshalb drehen wir die obere Fläche mit einem Zug so herum, daß der »leere« Platz über einem anderen Seitenstein zu liegen kommt, in diesem Fall über einem, der sowieso falsch dortliegt!

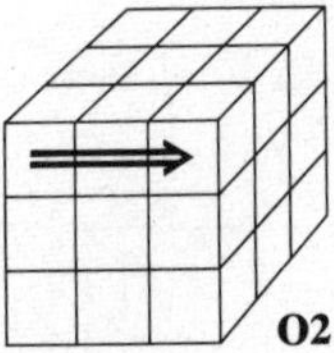

O2

Jetzt kommt der Eckstein mit 4 Zügen . . .

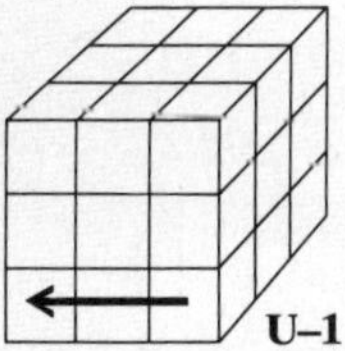

U–1

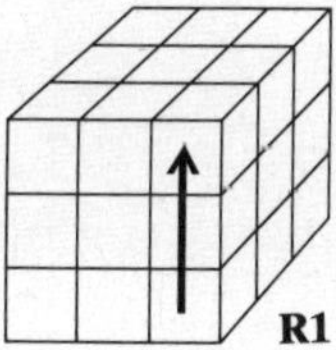

R1

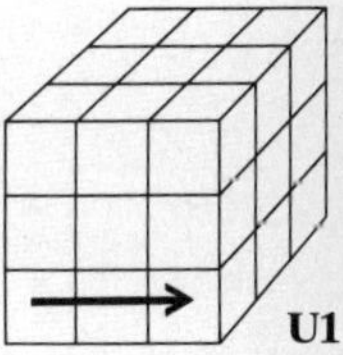

U1

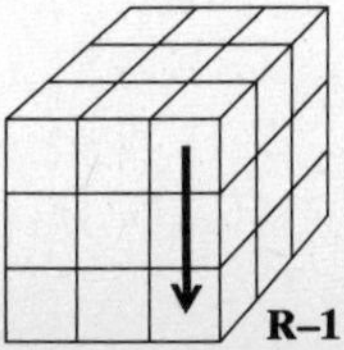

. . . hinauf!

R–1

Mit einem Zug

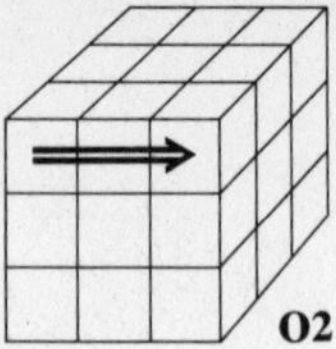

O2

drehen wir dann die obere Fläche wieder zurück.

Damit ist die 1. Fläche fertig und stimmt nicht nur oben, sondern auch rundherum.
Jetzt können wir darangehen, die 2. Schicht zu richten: Zwei der Steine der 2. Schicht sind schon in dieser, einer davon aber noch nicht am richtigen Platz.
Diesen können wir mit 5 einfachen Zügen an seinen Platz bringen.
Allerdings sollten wir den Würfel dazu jetzt anders halten: Wir drehen den Würfel um 90 Grad im Uhrzeigersinn:

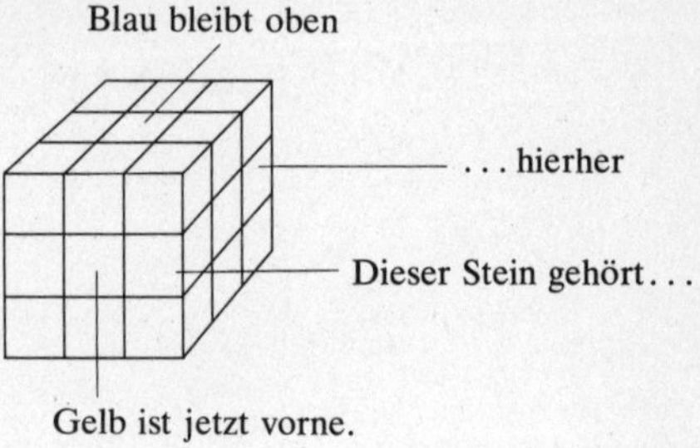

Mit den 5 Zügen . . .

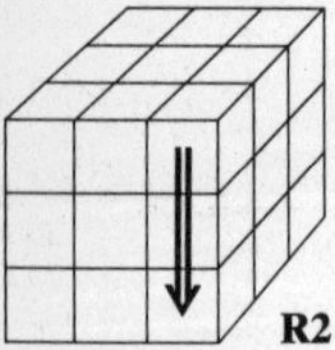

R2

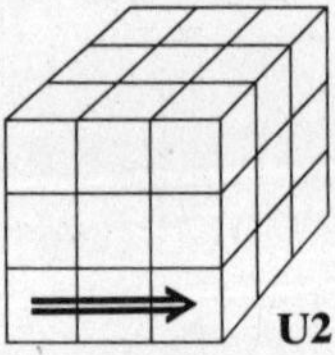

U2

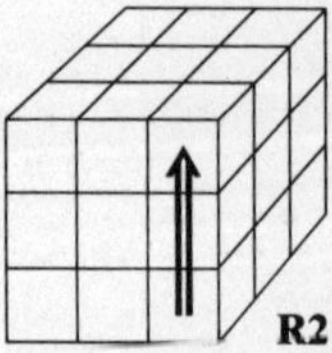

R2

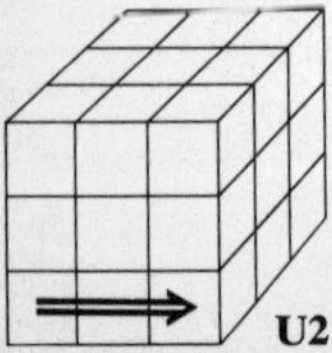

U2

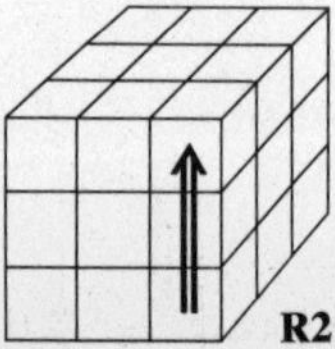

R2

. . . wechselt er an seinen richtigen Platz!

Nun drehen wir den Würfel wieder um 90 Grad im Gegenuhrzeigersinn, damit der Platz für den rotgelben Seitenstein rechts vorne zu liegen kommt: Blau bleibt oben, rot ist vorne:

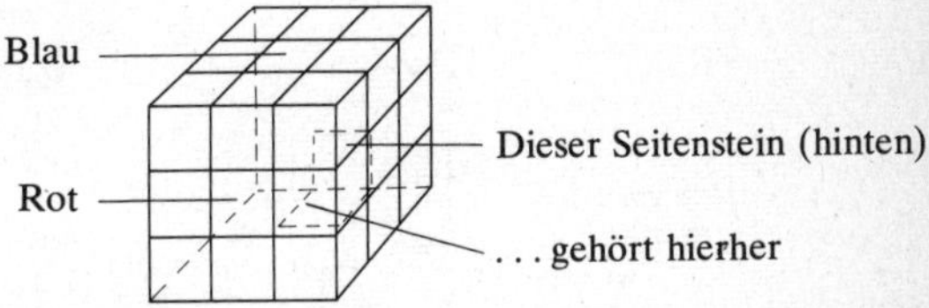

Um jetzt den rotgelben Seitenstein an seinen Platz zu bringen, benötigen wir eine der beiden Kombinationen aus dem Kapitel 2. Schicht:

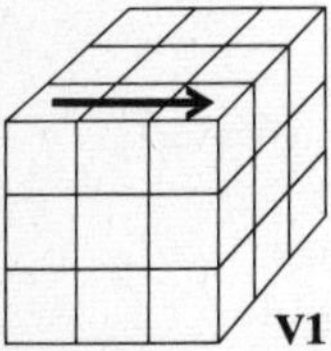
V1

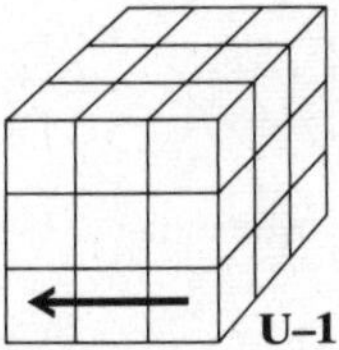
U–1

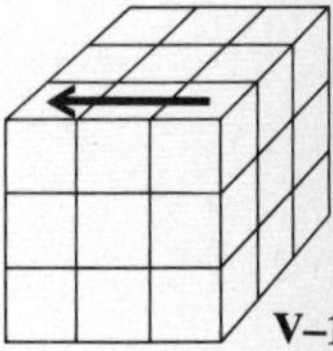
V–1

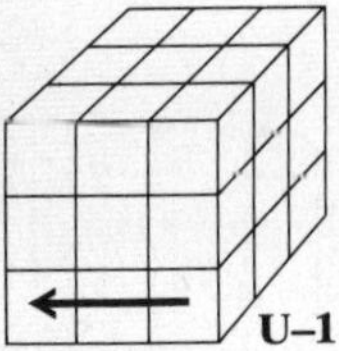
U–1

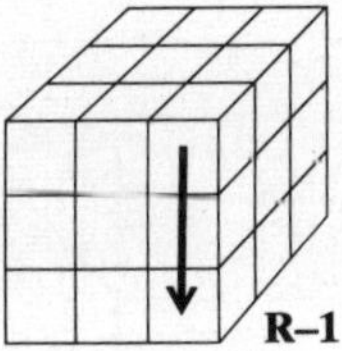
R–1

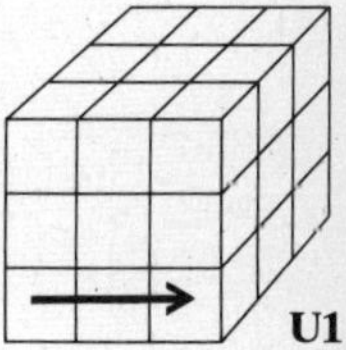
U1

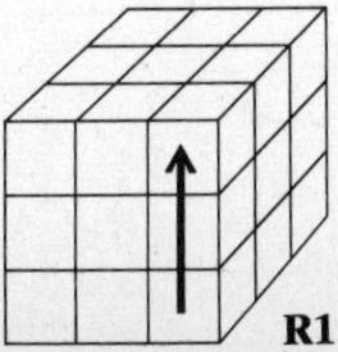
R1

Jetzt fehlt nur mehr an einer Stelle der 2. Schicht ein Seitenstein. Den Würfel drehen wir dazu so, daß diese »leere« Stelle nach rechts vorne kommt. Also Drehen des ganzen Würfels um 90 Grad im Uhrzeigersinn: Blau bleibt oben, gelb kommt nach vorne:

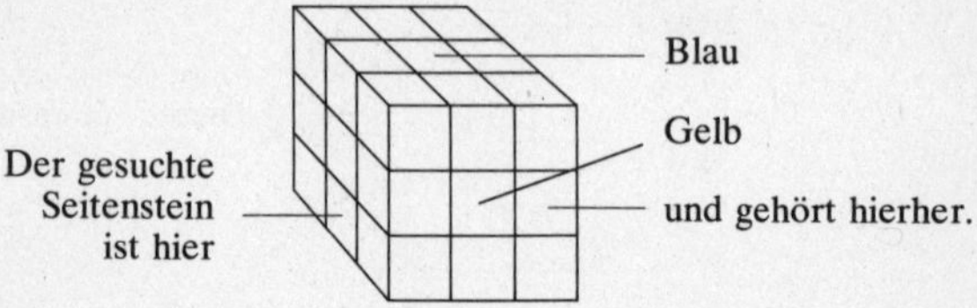

Um die entsprechende Kombination anwenden zu können, müssen wir den Stein mit einem Zug

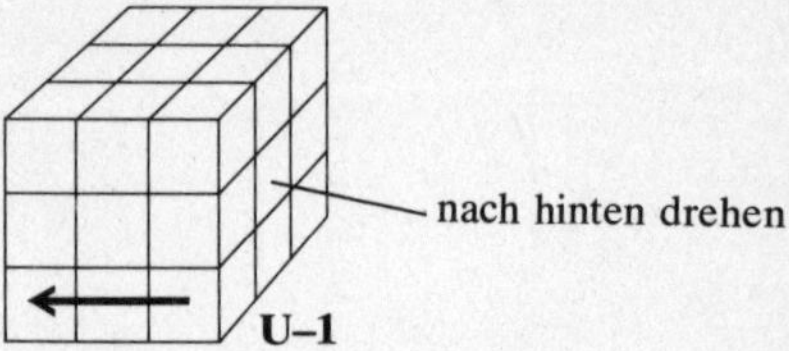

Jetzt können wir wieder die passende Kombination aus dem Kapitel »2. Schicht richten« anwenden:

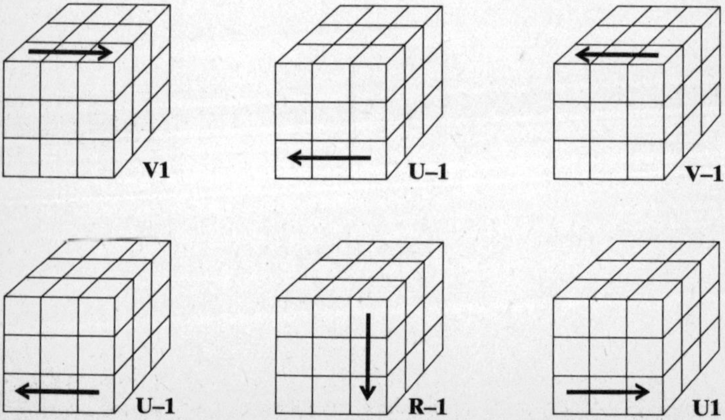

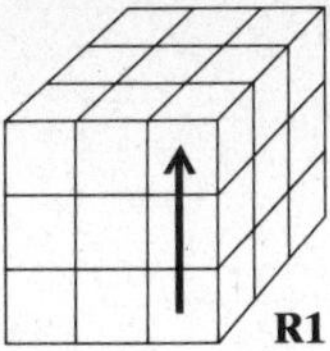
R1

Damit ist die 2. Schicht fertig und wir können zum Richten der letzten noch falschen Fläche übergehen:
Dazu kippen wir den Würfel um 90 Grad nach hinten: Gelb oben, Grün (= letzte Fläche) vorne, und jetzt drehen wir die grüne Fläche mit einem Zug so herum, daß die 2 gelben Ecken zu der gelben Fläche und die 2 weißen Ecksteine zu der weißen Fläche hingelangen.

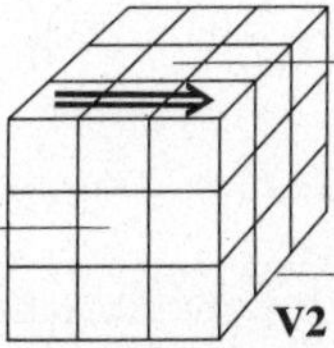

V2

Bei näherem Hinsehen erkennen wir jetzt, daß von den 4 Ecksteinen der letzten Fläche zwei bereits am richtigen Platz sind, zwei (die beiden oberen, gelben) aber getauscht werden müssen!
Dazu müssen wir den Würfel wieder anders halten – die 2 zu tauschenden Ecken müssen ja rechts sein:
Also den ganzen Würfel um 90 Grad nach rechts kippen: Grün bleibt vorne, Rot kommt nach oben.
Jetzt können wir von den beiden Kombinationen, die es im Kapitel »Letzte Fläche Ecken an die richtige Stelle bringen« gibt, die richtige aussuchen und sie hier anwenden:

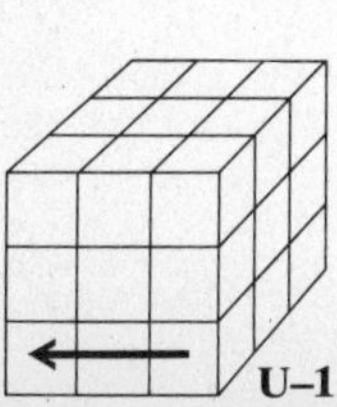
U–1

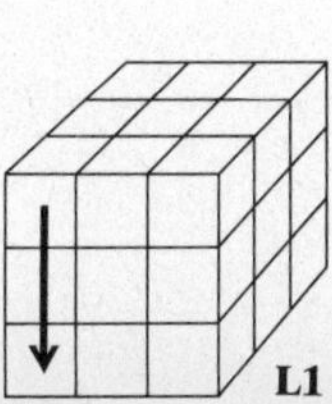
L1

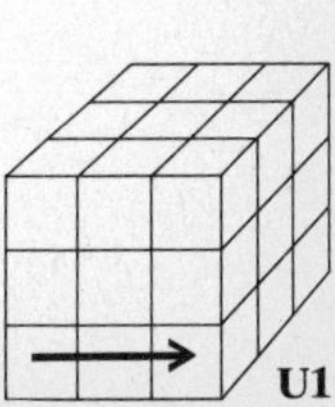
U1

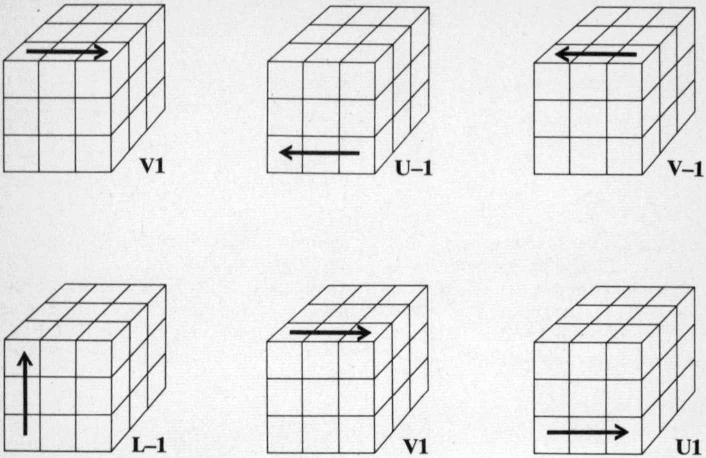

Damit werden die beiden Ecken vertauscht. Nun sind schon alle Ecken am richtigen Platz. Überzeugen Sie sich davon!

Sie sind aber »natürlich« noch nicht richtig gedreht!

Zum Richtig-Hindrehen der Ecken kommen wir jetzt:

Wir müssen zunächst feststellen, welche Ecken wie verdreht werden müssen: Zwei nebeneinanderliegende (die oberen) Ecken müssen zweimal im Uhrzeigersinn verdreht werden, die anderen beiden einmal. Dazu suchen wir uns aus dem Kapitel »Ecken drehen« die richtige Kombination: Um diese anwenden zu können, müssen wir den Würfel allerdings anders halten:

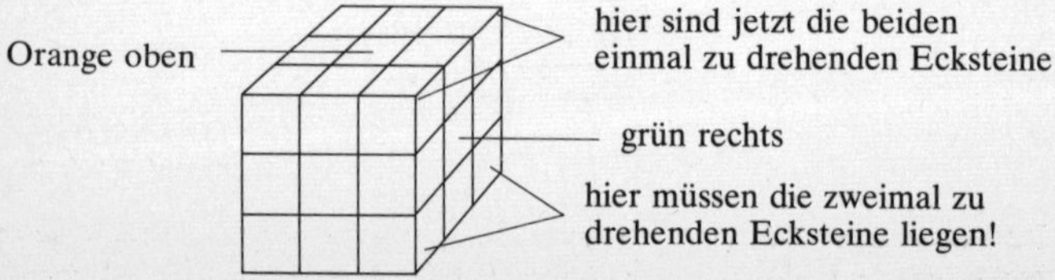

Jetzt wenden wir die passende Kombination an:

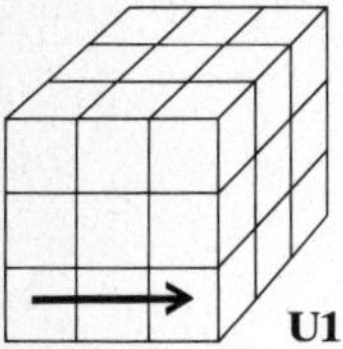
U1

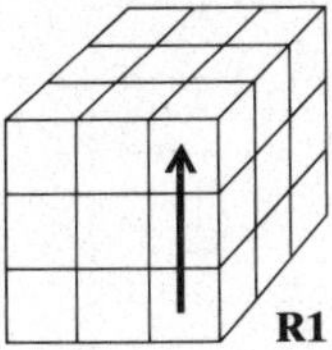
R1

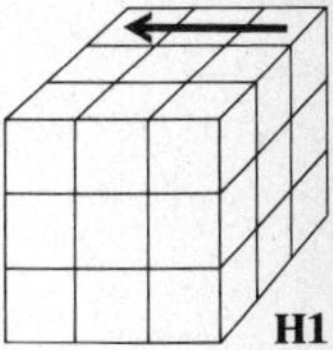
H1

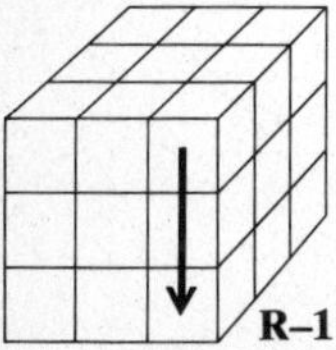
R–1

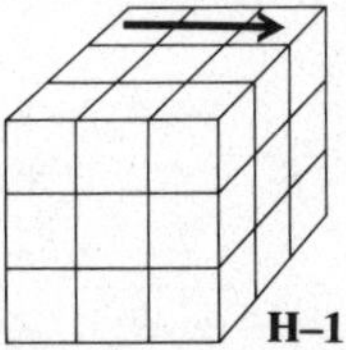
H–1

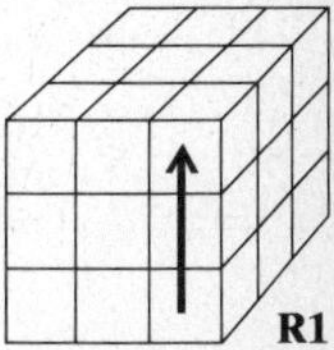
R1

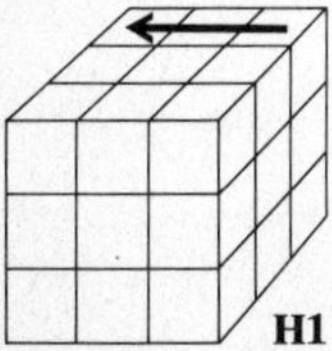
H1

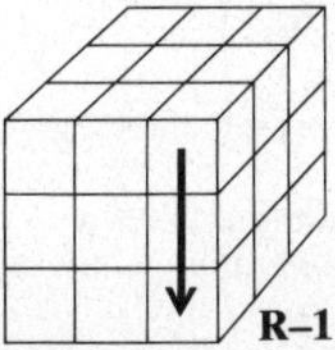
R–1

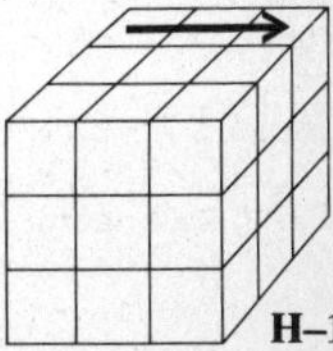
H–1

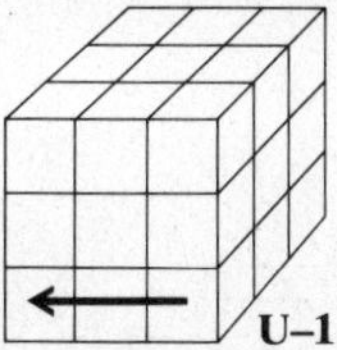
U–1

Damit sind alle 4 Ecken richtig gedreht. Jetzt fehlen bei unserem Würfel nur mehr die 4 Seitensteine der letzten Fläche.

Um diese richten zu können, drehen wir den Würfel wieder um 90 Grad im Uhrzeigersinn: Die letzte Fläche (Grün) kommt natürlich nach vorne.

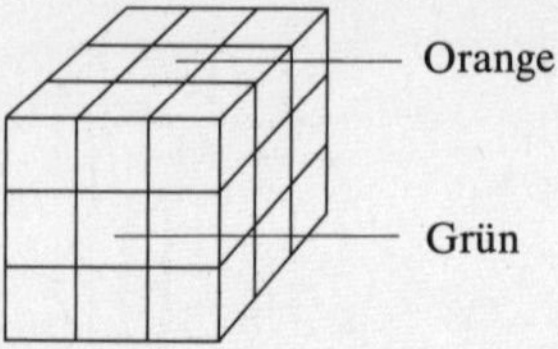

Mit einer einzigen Seitensteinvertauschung können wir die 4 Seitensteine jetzt nicht richten. In diesem Fall hier müssen wir in zwei Schritten vorgehen. Einer der möglichen Wege ist jetzt folgender:

Im 1. Schritt führen wir folgende Dreiervertauschung durch:

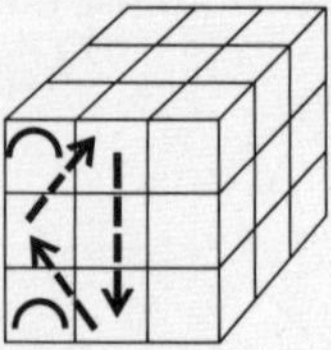

Das erfüllt folgenden Zweck:
Die 2 gekippten Steine bekommen dabei die richtige Farbe nach vorne und einer der 3 Steine (der orange – grüne) gelangt gleichzeitig an seinen richtigen Platz!

Die Kombination, die diesen Zweck (Achtung auf die richtige Vertauschungsrichtung) erfüllt, finden wir im Kapitel »Seitensteine richten« unter »3 Kombinationen mit Kippen«.

Diese führen wir jetzt durch:

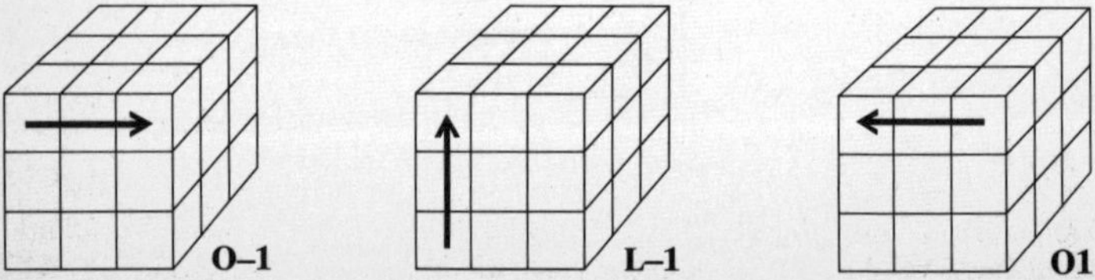

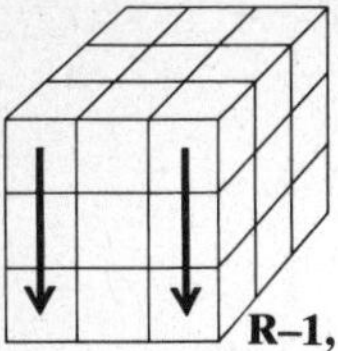
R–1, L1

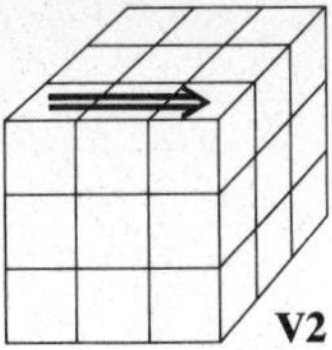
V2

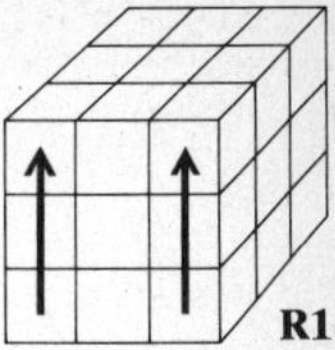
R1, L–1

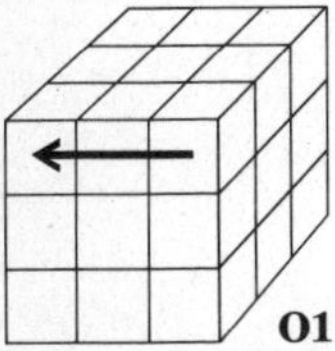
O1

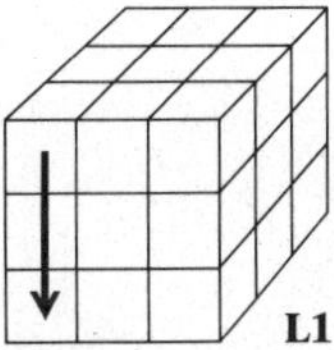
L1

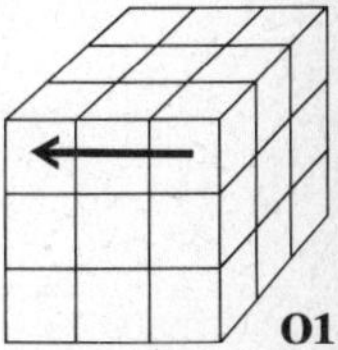
O1

Jetzt sind nur mehr 3 der 4 Seitensteine am falschen Platz, aber alle mit der richtigen Farbe nach vorne. Diesen 2. Schritt erledigen wir mit einer einfachen Dreiervertauschung.
Dazu müssen wir den Würfel allerdings um 90 Grad nach rechts kippen:

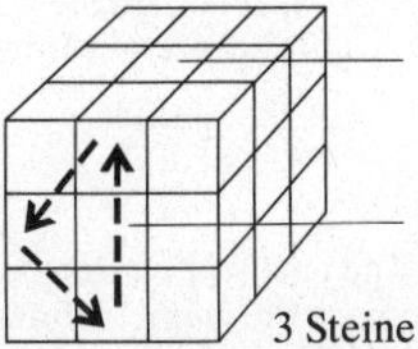

3 Steine sollen vertauscht werden

Die Kombination dazu finden wir wieder im Kapitel »Seitensteine richten« unter Dreiervertauschung ohne Kippen. Sie können natürlich auch im Anhang nachschauen oder wissen Sie die Kombination bereits auswendig?

Wieder müssen Sie auf die Vertauschungsrichtung achten!

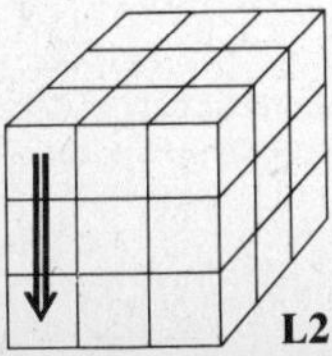
L2

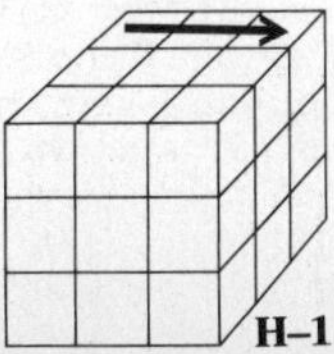
H–1

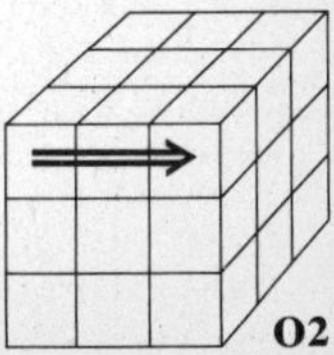
O2

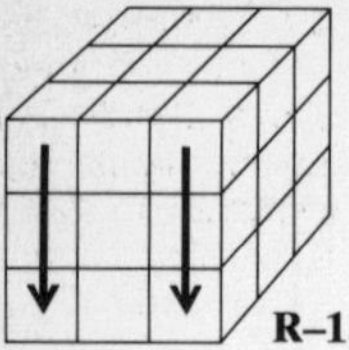

R–1,
L1

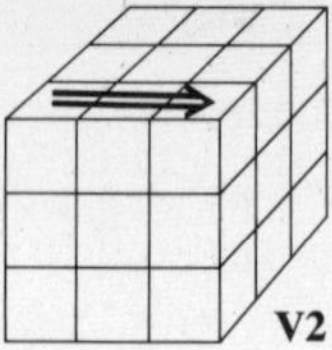

V2

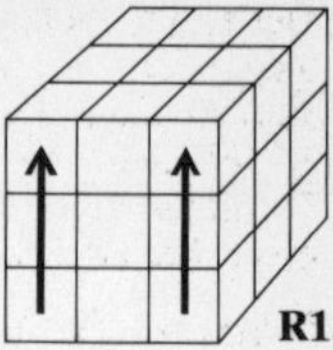

R1,
L–1

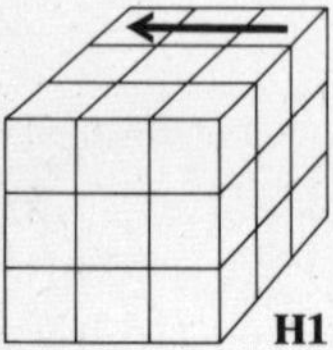

H1

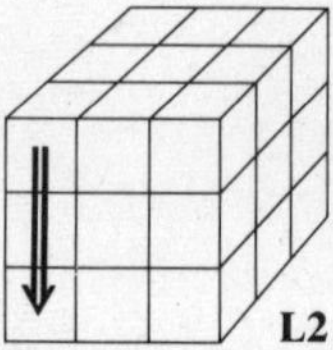

L2

Wenn Sie bisher alles genau nachgespielt haben, dann ist der Würfel jetzt wieder völlig richtig gedreht, also auf jeden Fall ein Erfolgserlebnis!
In diesem Fall kann man leicht nachzählen. Es waren genau 88 Züge notwendig, um den völlig verdrehten Würfel wieder in Ordnung zu bringen!
Wenn Sie die meisten der notwendigen Kombinationen bereits beherrschen, dann geht das Richten eines Würfels natürlich wesentlich schneller, als das Nachspielen dieses ganzen Kapitels oder auch nur das Lesen dieses Kapitels!

Zeitvorstellungen

Man braucht nicht jedesmal gleich viel Zeit, um den Würfel zurückzudrehen, je nachdem, ob mehr oder weniger Probleme auftauchen und zu bewältigen sind.
Mit meinem System ist es aber möglich, den Würfel in durchschnittlich 1 Minute und 20 Sekunden zurückzudrehen.
Spitzenwerte von: 1 Minute oder noch weniger sind erreichbar.
Höchstwerte in den schlechtestmöglichen Fällen sind dann 1 Minute 40 Sekunden.
Um diese Werte erreichen zu können, sind natürlich mehrere Voraussetzungen notwendig:

- Fehlerfreie Beherrschung aller Kombinationen!
- Sehr, sehr viel Übung. Bei weniger Übung oder schlechterer Reaktion brauchen Sie etwa 20 Sekunden länger. Wenn Sie die Kombinationen unter »Sonderfälle« mit Vertauschen von 2 + 2 Steinen noch nicht beherrschen, dann werden Sie vor allem in diesen relativ seltenen Fällen etwas länger brauchen, aber in 2 1/2 Minuten werden Sie es unter Garantie immer schaffen!
- Verwendung eines leichtgängigen Würfels. Er darf weder zu neu sein, noch zu ausgeleiert.

Der Rekord mit meinem System liegt bei 29 Sekunden. Frau Eva Horn, einer meiner ersten »Schüler« hält bei 35. Durchschnittswerte sind knapp unter 50 Sekunden. Die besten Leistungen eines Engländers liegen derzeit bei 36 Sekunden. Ronald Brinkmann richtete seinen Würfel in einer deutschen Fernsehsendung in 29 Sekunden. Ein Rekordversuch in München am 13. 3. 81 erbrachte zwei Sieger mit 38 Sekunden.

Notwendige Zügezahlen

Verdrehen läßt sich ein Würfel bekanntlich in 11 Zügen so, daß er vollständig durcheinander ist, aber es ist dann nicht mehr möglich, die 11 Züge herauszufinden und den Würfel in derselben Art wieder zurückzudrehen wie er verdreht wurde. Versuche in dieser Richtung sind bisher alle fehlgeschlagen!
Man braucht eben eine gewisse Zeit und eine bestimmte Anzahl von Zügen, um den Würfel richtig zurückzudrehen. Dabei läßt sich die Anzahl der Züge, die für das »schwierige« Richten der letzten Fläche bei Verwendung meines Systems notwendig sind, genau feststellen. Die maximal notwendige Zügezahl ist folgende:

Drehen der letzten Fläche vor dem Positionieren der Ecken:
0 oder 1 Zug .... 1 Zug
Positionieren der Ecken: 0, 6 oder 9 Züge .... 9 Züge
Verdrehen der Ecken: 0, 8, 10, 11 oder 14 Züge .... 14 Züge

Richten der Seitensteine:
maximal 10 + 14 oder 10 + 12 oder 12 + 12 Züge.
Die Verwendung von 2 Dreierkombinationen mit Kippen wird nie notwendig, eine der beiden Kombinationen kann immer ohne Kippen sein. .... 24 Züge

Summe .... 48 Züge

Die Anzahl der Züge, die für das Richten des ganzen Würfels notwendig sind, kann man nicht so leicht errechnen. Mehr als 90 Züge sind es aber in der Praxis kaum, das klingt bei angenommen ein Zug pro Sekunde wohl recht vielversprechend!

Andere Systeme: Vor- und Nachteile

Es sind natürlich verschiedene Systeme denkbar, den Würfel zurückzudrehen. Verschiedene Würfeldreher sind auf die unterschiedlichsten Lösungen verfallen:

Eine häufige Lösung:
Vor dem Richten der 2. Schicht werden schon die Ecken der letzten Schicht gerichtet, erst dann werden in beliebiger Reihenfolge die noch fehlenden Seitensteine bearbeitet. Der Nachteil bei diesem System ist, daß man sehr vom Glück abhängig ist und auch in manchen Fällen längere Denkpausen einschlagen muß. Man kann zwar hie und da auch gleich 2 oder 3 Seitensteine auf einmal richten, aber im Endeffekt bringt man den Würfel kaum je einmal unter 3½ Minuten fertig.

Eine weitere häufige Lösung:
Nach dem Richten der 2. Schicht – bis herher geht es ähnlich wie im beschriebenen System – werden zuerst die Seitensteine gerichtet und dann erst die Ecksteine. Dabei ist der Vorteil der, daß in vielen Fällen für das Richten der Seitensteine nur eine Kombination notwendig ist, da man sehr oft den ersten Stein mit einem Zug an seinen Platz hindrehen kann. Der Vorteil beim Richten der Seitensteine wird aber durch den Nachteil beim Richten der Ecksteine mehr als zunichte gemacht:
Man muß hier nämlich darauf achten, mit keiner Kombination die schon richtigen Seitensteine zu zerstören. Außerdem kann man die Fläche nicht mit einem Zug hindrehen, um dann eine einzige Vertauschung durchzuführen. Man muß im Gegensatz dazu maximal drei Vertauschungen durchführen.
An Zeit braucht man mit einem solchen mir bekannten System bei sehr viel Übung durchschnittlich knapp mehr als 3 Minuten und kommt kaum je unter $2^1/_2$ Minuten.
An Zügen für die letzte Fläche sind mit diesem System meines Wissens nach maximal knapp 80 Züge notwendig.

Eine weitere Möglichkeit:
Es sind noch verschiedene unregelmäßige Systeme denkbar, die aber natürlich die verschiedensten Nachteile aufweisen. Es gibt nämlich Systeme, die nicht mit einer ganzen Fläche beginnen. Z. B.: Zuerst alle Seiten-, dann alle Ecksteine richten, oder auch umgekehrt. Ein solches System soll mit maximal 52 Zügen ankommen, es ist mir aber nicht bekannt, wie kompliziert oder einfach es ist, diese 52 Züge zu finden oder wie lange man für einmal Würfelrichten braucht.

Stellungen auf dem Würfel, die nicht erreicht werden können

Es gibt verschiedene Stellungen, die nicht erreicht werden können und die auch nicht gelöst werden müssen. Sollte eine solche Stellung doch auftauchen, dann hat irgendjemand den Würfel zerlegt und falsch wieder zusammengesetzt!
Diese unmöglichen Stellungen sind in Bezug auf das Drehen der Ecken der letzten Fläche alle die, die nicht eine der folgenden sind:

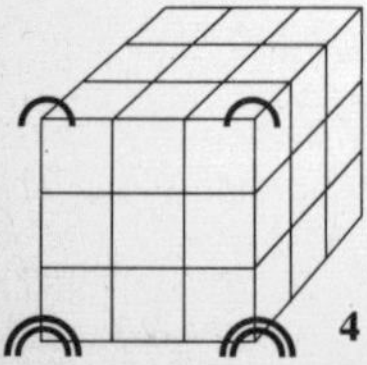
4

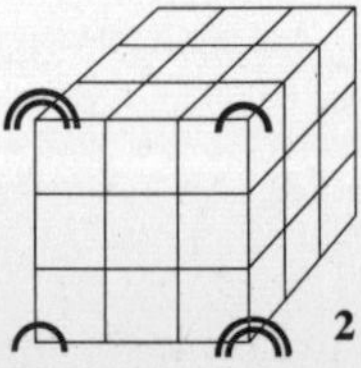
2

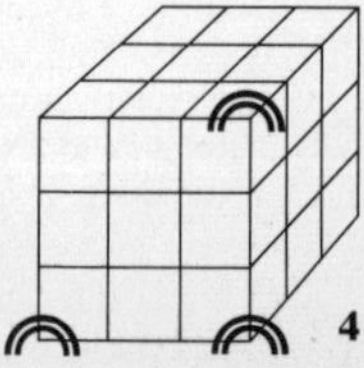
4

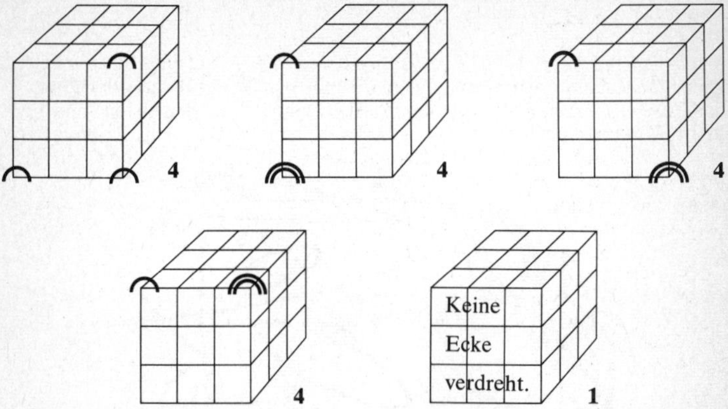

Für Mathematiker: Darunter geschrieben ist jeweils die Anzahl, wie oft die entsprechende Stellung unter den 27 möglichen Verdrehungen vorkommt.

In Bezug auf das Positionieren der Seitensteine der letzten Fläche ist es nicht möglich, daß nur 2 Steine vertauscht sind. Es können nur 3 oder 4 vertauscht sein, 4 Steine aber auch nicht »im Kreis herum«, sondern nur paarweise.
Seitensteine können nur paarweise gekippt sein, also 2 oder 4 Steine, oder 0 natürlich, aber nicht 1 oder 3.
Diese gefundenen Tatsachen können (vorläufig) durch keinen Beweis erhärtet werden. Der Beweis ist nur empirisch, also durch Erfahrung möglich.
Manche Leute würden auch noch sagen: »Es können nicht genau 2 Ecken vertauscht sein.« Es trifft aber genauer folgendes zu:
Wenn 2 Ecken oder 2 Seitensteine vertauscht sind, dann ist das Richten des Würfels unmöglich!

Mathematische Grundlagen

Zahl der möglichen Positionen

Die Anzahl der auf dem Würfel möglichen Stellungen ist mathematisch recht leicht festzustellen:

Anzahl der möglichen Positionen der 8 Ecken: .... 8!
(für Laien: 8.7.6.5.4.3.2.1)

mal Anzahl der möglichen Verdrehungen der Ecken: .... 3^8

mal Anzahl der möglichen Positionen der 12 Seitensteine:
(12.11.10.9.8.7.6.5.4.3.2.1).. 12!

mal Anzahl der möglichen Kippungen der Seitensteine: .... 2^{12}

Dies ergibt, Sie können es nachrechnen, wenn Sie wollen, eine stattliche Anzahl möglicher Stellungen:

519.024.039.293.878.272.000

(in Worten 519 Trillionen 24 Billiarden 39 Billionen 293 Milliarden 878 Millionen 272 Tausend)

oder kürzer und ungenauer $\mathbf{5.10^{20}}$

Diese Stellungen sind jedoch *nicht alle durch Verdrehen* erreichbar, sehr viele lassen sich nur durch Zerlegen und wieder Zusammensetzen des Würfels erreichen. Wie man auf die Zahl der Stellungen kommt, die durch Verdrehen herbeigeführt werden können, das folgt hier gleich:
Wir gehen dabei von der letzten Fläche aus. Die Anzahl der Stellungen, die für die letzte Fläche möglich ist, sieht so aus:

	Ecken	Seitensteine	
Positionen	4! = 24	4! = 24	
Drehen bzw. Kippen	$3^4 = 81$	$2^4 = 16$	
Produkt daraus	1944	384	= 746496

Die Zahlen, die durch Verdrehen erreichbar sind, sehen dagegen anders aus:

Drehungen der Ecken: Hier haben wir schon im Kapitel der unmöglichen Stellungen gesehen, daß von den insgesamt 81 Stellungen nur 27 durch Verdrehen erreichbar sind.

Positionen der Seitensteine: Bei jeweils gleich gehaltenem Würfel natürlich; gleiche Reihenfolge der Steine 1–4 pro Skizze.

2

2

2

Zweimal (einmal) um
180 Grad gedreht)

2

2

2

Von den 24 Stellungen sind also nur 12 erreichbar. Sie können es nachprüfen, ob Sie eine der übrigen Stellungen erreichen können, ohne dabei genau 2 Seitensteine tauschen zu müssen.

Kippungen der Seitensteine:

1

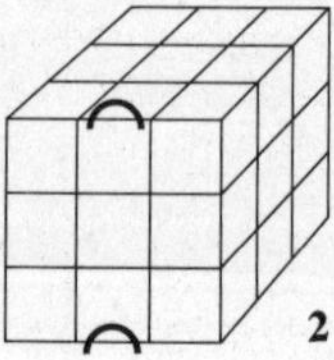

2

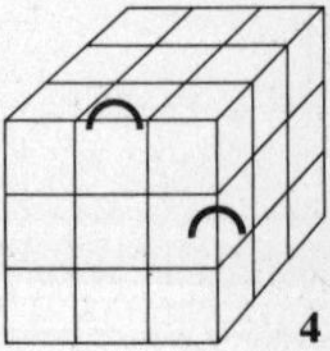

4

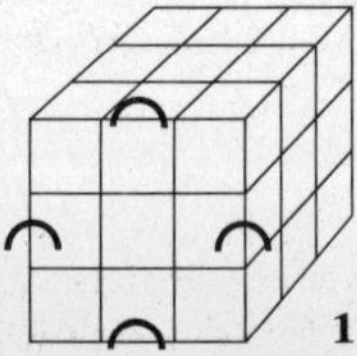

1

Von 16 Stellungen sind hier nur 8 möglich.
Unsere kleine Tabelle sieht also jetzt so aus:

	Ecken	Seitensteine	
Positionen	24	12	
Drehen bzw. Kippen	27	8	
Produkt daraus	648	96	= 62208

Zu dieser Tabelle sei noch gesagt: Wenn man nach meinem System vor dem Eckentauschen mit einem Zug die Fläche herumdreht, so daß faktisch ein Stein »fix« ist, hat man statt 24 Eckenpositionen nur 6, daher nur insgesamt 162 Ekkenprobleme und auf der letzten Seite überhaupt nur 15552 »Problemmöglichkeiten«.
In dem anderen System, das zuerst die Seitensteine richtet, hat man es schwerer: Die Positionen der Seitensteine können sich zwar nach einem Zug auf nur 3 vermindern und die Anzahl der Seitensteinprobleme sinkt dadurch auf 24, aber die Zahl der Eckenprobleme bleibt auf 648 – ein etwas schlechtes Verhältnis!
Zu der Zahl 62208, die doch schon relativ niedrig ist:
Sie ist um den Faktor 12 geringer als die vorher ausgerechnete Zahl 746.496. Durch diese Zahl 12 muß man auch die Zahl der mit dem ganzen Würfel möglichen Stellungen dividieren, wenn man die Anzahl, die durch Verdrehen erreichbar ist, wissen will.
Der Beweis dafür ist vielleicht etwas unmathematisch, aber man kann leicht nachprüfen, daß auf den ersten beiden Schichten des Würfels jede beliebige Vertauschung, Verdrehung und Kippung möglich ist!
Bei der Division durch 12 ergibt sich

43.252.003.274.489.856.000
(in Worten 43 Trillionen 252 Billiarden 3 Billionen 274 Milliarden 489 Millionen 856 Tausend)
oder wieder kürzer und ungenauer: $\mathbf{4.10^{19}}$

Diese Zahl ist also auch noch groß genug, so daß man wohl nie die Chance hat, durch Zufall den Würfel richtig hinzudrehen. Von diesen vielen Möglichkeiten ist ja nur eine einzige die gewünschte des Würfels im Urzustand.

Wahrscheinlichkeiten
Hier noch einige einfache Betrachtungen über die Wahrscheinlichkeit, mit der bestimmte Stellungen bei Verwendung meines Systems auftauchen und gelöst werden müssen. Alles folgende betrifft immer die letzte Fläche:

Ecken tauschen:

Schon alles richtig: Die Wahrscheinlichkeit dazu ist	1/6
2 Steine zu tauschen (9 Züge):	4/6 oder 2/3
2 + 2 Steine zu tauschen (6 Züge):	1/6
zusammen also	6/6 oder 1 (oder 100%)

Ecken drehen: Aufstellung dazu siehe Kapitel »Stellungen, die nicht erreicht werden können«.

Keine Drehung notwendig:	1/27
Dieses Erfolgserlebnis sollten Sie haben!	
4 Steine zu drehen (10 oder 11 Züge):	6/27
3 Steine zu drehen (8 Züge):	8/27
2 Steine zu drehen (14 Züge): leider	12/27
zusammen wieder	27/27

Seitensteine:

Nichts gekippt:	1/8
Alle 4 gekippt:	1/8
Nur 2 gekippt:	6/8 oder 3/4
zusammen	8/8

Die Wahrscheinlichkeit, daß alle Seitensteine richtig sind und richtig gekippt: 1/96

Ebenso, daß alle richtig, aber alle gekippt sind: 1/96

Beides kommt natürlich vor!

Die Chance, daß ein Seitenstein bereits am richtigen Platz ist, aber nicht gekippt und daß die anderen 3 Seitensteine vertauscht sind, ist 8/12 mal 4/8 also 32/96 oder 1/3

Die Wahrscheinlichkeit ist also ein Drittel oder 33,3%, daß Sie mit einer einzigen Dreiervertauschung auskommen!

Gruppe

Den ganzen Würfel kann man mathematisch auch als Gruppe auffassen. Die ganze Gruppe entspricht dann der Summe aller auf dem Würfel möglichen Positionen. Die Elemente dieser Gruppe sind die zur Erzeugung der Gruppe notwendigen Züge.

Es gibt auch andere Gruppen. Die Zweiergruppe enthält z. B. alle Positionen, die durch Drehen von 2 Flächen möglich sind.

Die meisten der in meinem System verwendeten Zugfolgen lassen sich in zwei Arten einteilen: in Konjugationen und in Kommutatoren.

Konjugationen

Eine Konjugation entspricht mathematisch der Formel xyx^{-1}.
Dabei ist sowohl x wie auch y eine eigene Zugfolge von mindestens einem Zug, und x^{-1} ist die Umkehrung der Kombination x (Inversion).
Beispiel sei die im Kapitel »Letzte Fläche, Seitensteine« gezeigte Zugfolge L2, H–1, R–1, L1, V2, R1, L–1, O2, H1, L2. Dabei entspricht L2, H–1 dem x, die nächsten 6 Züge y, die letzten beiden (H1, L2) dann x^{-1}, im genannten Kapitel Nachspann genannt.
Diese und ähnliche Konjugationen bewirken, daß nicht nur 3 bestimmte Steine, sondern 3 beliebige getauscht werden können.
Ein weiteres Beispiel aus dem Kapitel Ecken tauschen: U–1, L1, U1, V1, U–1, V–1, L–1, V1, U1. Der erste Zug bringt eine Ecke von rechts unten nach links unten und entspricht x. Die nächsten 7 Züge (y) vertauschen 2 diagonale Ecken. Der letzte Zug ist wieder x^{-1}.

Kommutatoren

Die mathematische Formel lautet $xyx^{-1}y^{-1}$.
Hier ein Beispiel aus dem Kapitel 2 gegen 2 Ecken tauschen: U1, R1, H1, R–1, H–1, U–1. Diese Kombination ist sowohl eine Konjugation wie auch – ohne den ersten und letzten Zug – ein Kommutator. Also: Rechts zuerst in der einen Richtung entspricht x, hinten entspricht y, rechts zurück entspricht x^{-1} und hinten zurück y^{-1}.
Mit diesen Ideen bewaffnet können Sie vielleicht auch selbst weitere Kombinationen erfinden.

Es gibt übrigens ein Buch eines Engländers, David Singmaster, von dem ich auch dankenswerterweise einige Kombinationen entnehmen konnte.
Dieses Buch legt aber weniger Wert auf eine optimale und genau dargestellte Methode. Mr. Singmaster beschäftigt sich vielmehr sehr ausgiebig auf theoretische Weise mit dem Würfel, das Ideale also für Gruppentheoretiker und sonstige Mathematiker!
Aber er zeigt in seinem Werk auch eine Sammlung aller ihm bekannten günstigen Kombinationen, die ihm aus dem ganzen angelsächsischen Raum zugeschickt wurden.

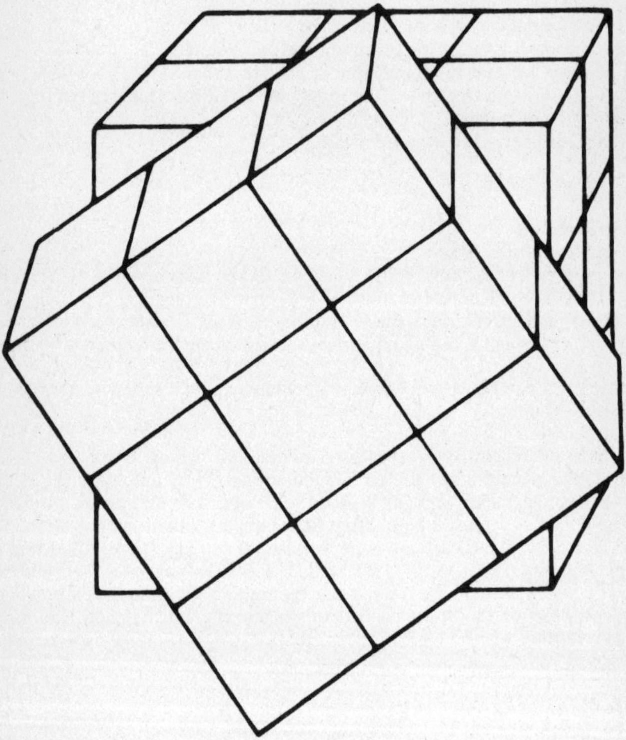

Programmierungsideen für Supertüftler

Es liegt nahe, die Probleme des Würfels in irgendeiner Form durch den Computer behandeln zu lassen.
Dabei ist es relativ einfach, festzuhalten, was sich auf dem Würfel bei einer beliebigen Drehung verändert.
Man darf nur nicht vergessen: Wenn eine Fläche gedreht wird, ändern sich nicht nur die 4 anliegenden Flächen, sondern auch die gedrehte Fläche selbst bietet jetzt für weitere Verdrehungen eine andere Ausgangsbasis als vorher!
Wenn man keine Chance sieht, den Computer zwischen günstigen und ungünstigen Zügen entscheiden zu lassen – das wird wohl sehr, sehr schwierig sein –, dann bleiben einem noch mehrere Möglichkeiten:
Man gibt eine bestimmte Stellung des Würfels in den Computer ein und stellt ihm die Aufgabe, den Würfel zurückzudrehen. Dazu bleibt dann dem Programm nichts anderes übrig, als jede beliebige Zugfolge auszuprobieren. Das führt natürlich recht schnell – bei 9 oder 10 oder mehr Zügen – zu gigantischen Laufzeiten der Programme. Es könnte aber klappen, wenn man dem Computer Probleme zu lösen gibt, die nur die letzte Seite des Würfels betreffen! Hier gibt es ja bekanntlich nach meinem System nur 15552 Probleme, die ein Programm der Reihe nach lösen könnte. Vielleicht sogar immer in weniger als den 48 Zügen meines Systems.
Eine andere Möglichkeit wäre es, das Computerprogramm mit dem intakten, nicht verdrehten Würfel beginnen zu lassen. Das Programm müßte dann versuchen, Zügekombinationen in beliebiger Länge zu finden, bei denen »möglichst wenig passiert«. Aber auch solche Programme würden bereits bei 7 – Zügen mit der Laufzeit kämpfen – vielleicht 2–3 Tage Programmlaufzeit auf einem schnellen Computer.
In England gibt es bereits Erfahrungen mit solchen Programmen!
Eine dritte Möglichkeit wäre es, Züge einzugeben mit der Fragestellung: Was passiert nach tausend solchen Zügen oder wann ist der Würfel wieder in Ordnung?
Eine vierte Möglichkeit wäre es, die in einem (z. B. meinem) System notwendigen Kombinationen den Computer anwenden zu lassen. Damit könnte ein gutes Programm in optimaler Zügezahl jeden Würfel zurückdrehen!
Auch hier ist noch ein großes Feld für Praktiker offen!

Kuriose Stellungen und Züge

A Eine interessante Stellung ergibt folgende Kombination:

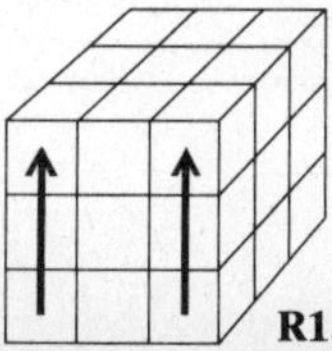

R1, L–1

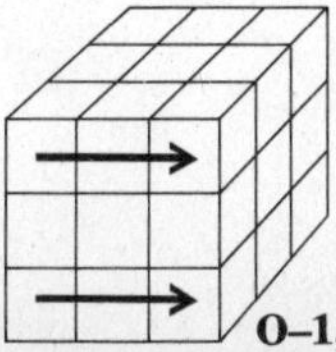

O–1, U1

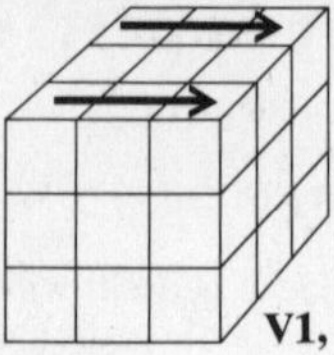

V1,
H–1

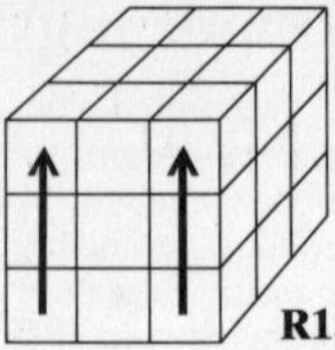

R1,
L–1

Dies ist eine der möglichen Zugfolgen, um folgendes verblüffendes Ergebnis zu erreichen:

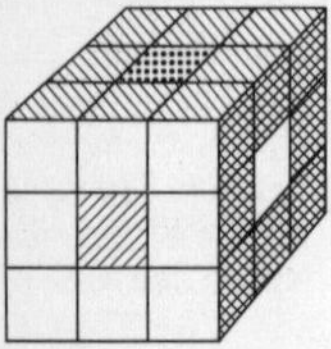

Alle Mittelsteine sind am falschen Platz, aber sonst ist der Würfel richtig!

Für diese Zugfolge ist es günstig, sie durch Drehen einer mittleren Schicht darzustellen: Es sind genau dieselben Züge wie vorher, aber leichter zu merken: Mittlere Fläche nach unten, dann ganzen Würfel nach rechts oder links kippen, das ganze viermal.

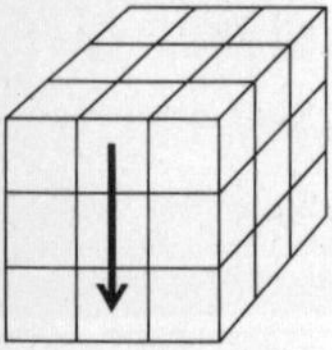

Mit dieser Version werden Sie ein solches Muster auch leichter wieder richten können. Sie müssen nur darauf achten, daß ein Mittelstein jeweils zwischen 2 gleichfarbige Seitensteine gelangt.

B Eine weitere interessante Stellung ist mit folgenden Zügen erreichbar:

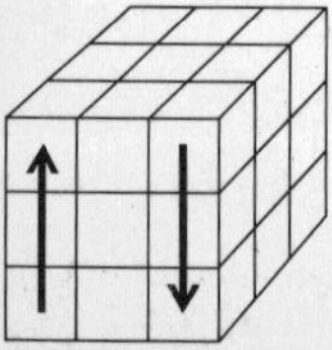

R–1, L–1

dann den Würfel mit der rechten Fläche nach vorne drehen.

Das Ganze 6mal durchführen!

Es entsteht dabei rundherum ein Zickzackmuster:

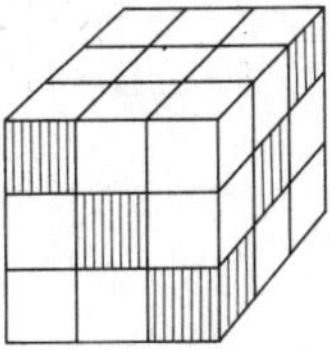

C Ein weiteres Beispiel ist die Schlange mit der folgenden Kombination:

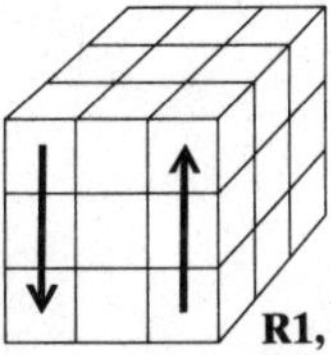

R1,
L1

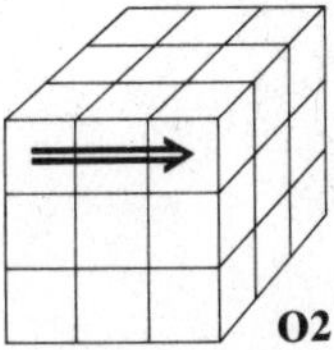

O2

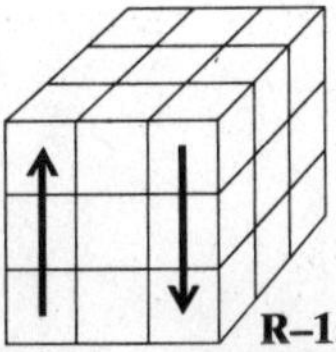

R–1,
L–1

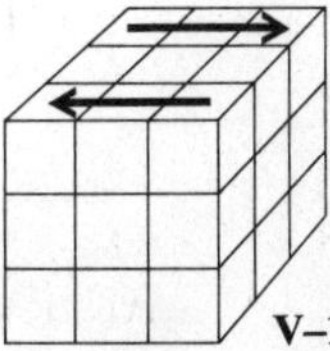

V–1,
H–1

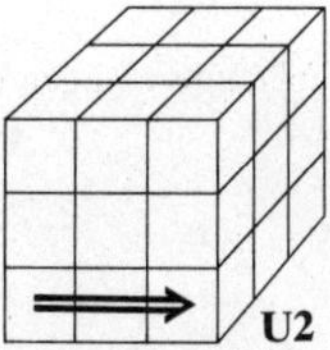

U2

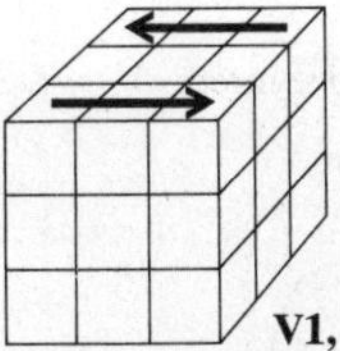

V1,
H1

Probieren Sie es aus und Sie werden sehen wie die Schlange um den Würfel herumläuft!

D Mit der folgenden Kombination werden 8 Seitensteine gekippt!

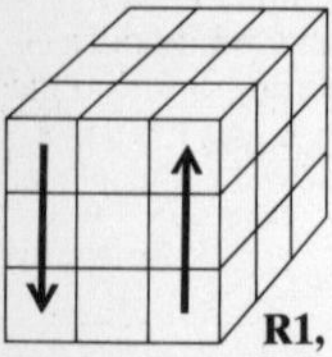

R1, L1

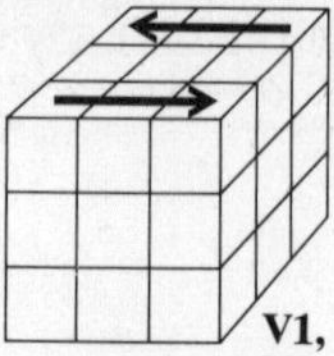

V1, H1

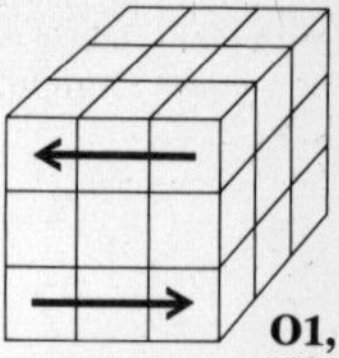

O1, U1

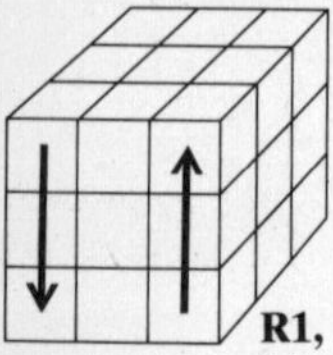

R1, L1

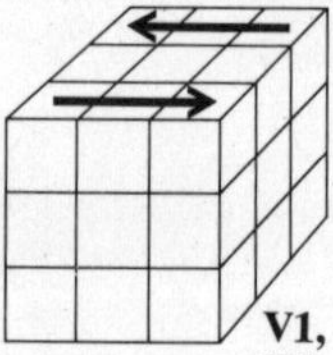

V1, H1

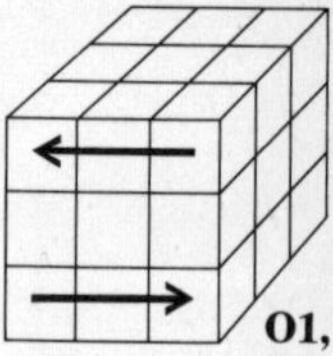

O1, U1

E Schließlich lassen sich noch U-Formen gestalten mit der folgenden Kombination:

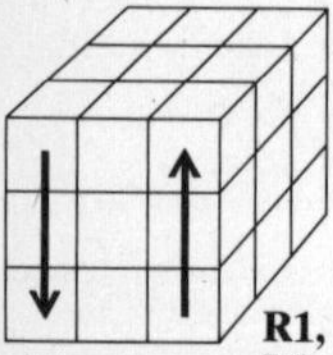

R1, L1

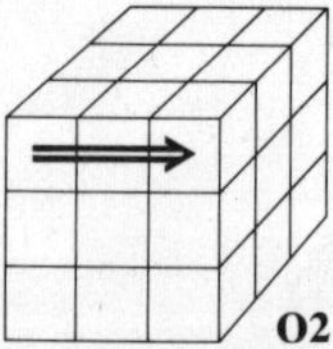

O2

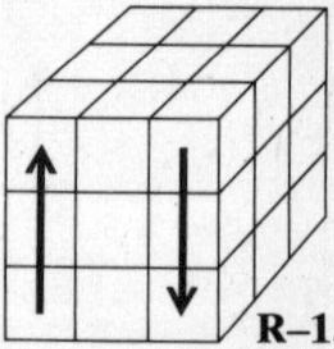

R–1, L–1

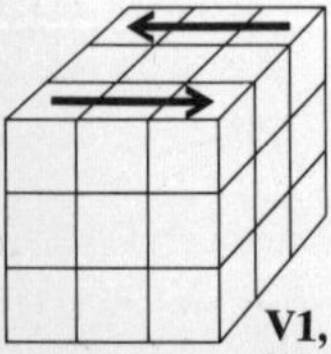

V1, H1

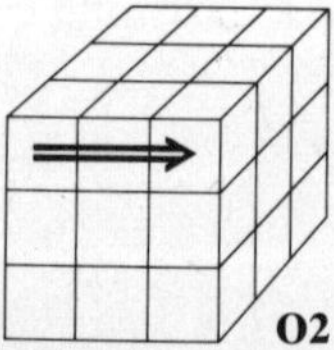

O2

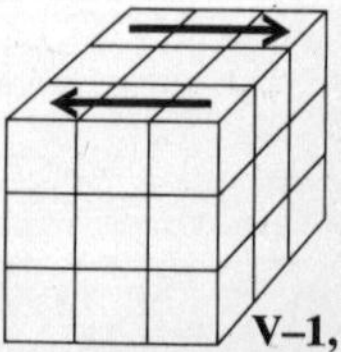

V–1, H–1

Auf 4 Würfelseiten ist der Buchstabe »U« entstanden.

Regelmäßige Züge:

Bei Durchführung einer beliebigen regelmäßigen Zugfolge wird der Würfel zu irgendeinem Zeitpunkt wieder in Ordnung kommen. – Sie müssen natürlich mit einem richtig gedrehten Würfel beginnen! Voraussetzung: Geduld oder einen guten Computer! Die Erklärung dafür liegt natürlich darin, daß sich die Wirkung einer Kombination multipliziert und daher zwangsläufig eine Wiederholung auftauchen muß.

Beispiel **A**

Rechte Fläche einmal drehen, dann den Würfel mit der rechten Fläche nach vorne drehen.

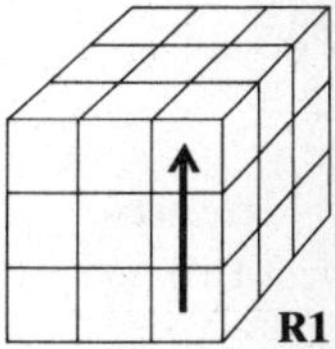

R1

Das Ganze beliebig oft wiederholen. Nach 60 Zügen ist die obere Fläche wieder in Ordnung, der ganze Würfel stimmt angeblich nach 1260 Zügen wieder.

Beispiel **B**

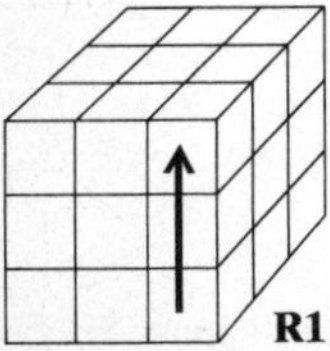

R1

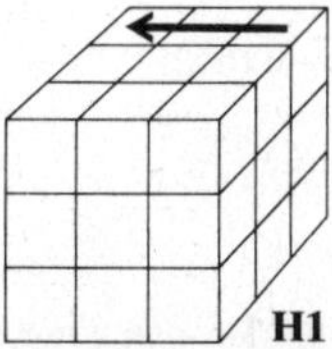

H1

beliebig oft wiederholen

Diesmal führt die »Kombination« wesentlich früher wieder zum ordentlichen Würfel!

Beispiel **C**

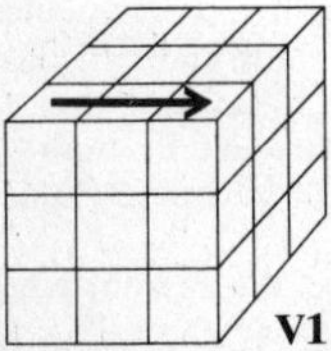

V1

dann die untere Seite nach rechts bringen.

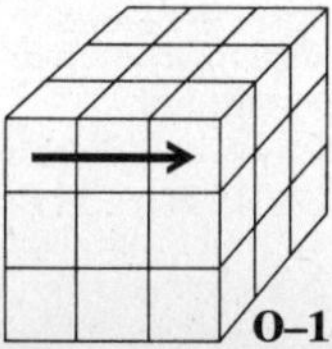

O–1

dann die rechte Seite nach vorne bringen . . . und so weiter . . .

Das ist etwas schwierig zu beschreiben.
Es kommt jedenfalls nacheinander jede der 6 Flächen an die Reihe, 2 Ecksteine und der Seitenstein dazwischen bleiben dabei immer »zusammen«. Dies führt nach viermal 126 Zügen wieder zum richtigen Würfel!

Sie können sich zu diesem Thema selbst die verschiedensten Möglichkeiten einfallen lassen und damit Ihre Umwelt verblüffen! Also viel Vergnügen dazu. Diese kuriosen Züge (man braucht ja praktisch nichts dabei zu denken), sind übrigens etwas, bei dem sich auch Kinder und sogar kleinere Kinder wohl fühlen und ihren Spaß haben!

»Schreiben«

Mit Hilfe mehrerer Würfel kann man auch schreiben. Auf der Zeichnung sehen Sie die Vorderseite von 6 Würfeln. In 2 Farben wird der Buchstabe A dargestellt.

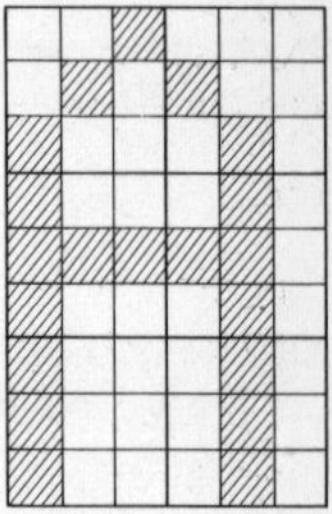

Markierte Mittelsteine richten

Wenn Sie hier weitermachen wollen, müssen Sie ein ganz besonders ehrgeiziger Tüftler sein!
Nehmen Sie also den richtig gedrehten Würfel und markieren Sie alle Mittelsteine und einen der Seitensteine auf jeder Fläche in folgender Form:

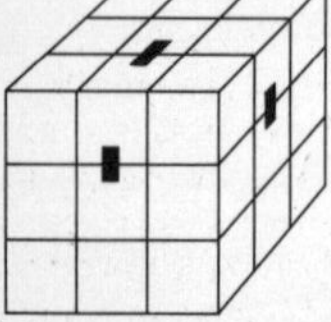

Man soll erkennen können, daß ein bestimmter Seitenstein an eine bestimmte Seite des Mittelsteins gehört.

Sie können dazu auch statt eines Kugelschreibers jeweils ein kleines Stück einer Klebeetikette nehmen.
Nun wird es interessant: Sie verdrehen den Würfel vollkommen und richten ihn dann wieder durch Zurückdrehen mit meinem System oder einem anderen, das Ihnen gefällt.
Jetzt entdecken Sie, daß zwar der ganze Würfel stimmt – also alle 6 Flächen –, aber die Mittelsteine sind zum Großteil nicht mehr mit der bezeichneten Seite bei dem bezeichneten Seitenstein!
Was nun? Die Erklärung ist natürlich folgende: Während die Seitensteine »weg« waren, hat sich der jeweilige Mittelstein »irgendwie« verdreht.
Da es 6 Mittelsteine gibt, erhöht sich damit die Anzahl der auf einem so markierten Würfel möglichen Stellungen um den theoretischen Faktor 4^6 also um 4096 Mal.

Damit ergibt sich ein theoretischer Wert von $1{,}7 \cdot 10^{23}$ Positionen für den Würfel.
Allerdings sind nicht alle diese Positionen durch Verdrehen des Würfels erreichbar. Für einige muß man den Würfel zerlegen!
Für 5 der 6 Mittelsteine sind alle 4 Stellungen möglich, für den letzten Mittelstein bleiben aber interessanterweise statt 4 nur 2 Möglichkeiten:
Wenn z. B. der ganze Würfel stimmt und auch 5 Mittelsteine richtig gedreht sind, dann hat der letzte Mittelstein die beiden möglichen Stellungen:
Entweder ist er richtig oder er ist um 180 Grad gedreht, er kann aber nicht um 90 Grad gedreht sein.
Ist dies doch der Fall, so haben Sie den Würfel zerlegt und falsch wieder zusammengesetzt!
Es gibt also statt 4096 möglichen Mittelsteinstellungen nur erreichbare 2048.
Die Gesamtzahl der auf einem so markierten Würfel möglichen Stellungen beträgt daher:

88.580.102.706.155.225.088.000
oder kürzer $\mathbf{8{,}8 \cdot 10^{22}}$

Falls Sie selbst versuchen wollen, dieses Problem zu lösen, so hören Sie einfach mit dieser Seite auf zu lesen. Die notwendigen Kombinationen für dieses Problem sind übrigens auch im Anhang nicht aufgenommen!

Lösung: Man beginnt mit einem **völlig verdrehten Würfel.**
Mit einem richtigen Würfel mit verdrehten Mittelsteinen beginnt man ebenfalls, den ganzen Würfel von Anfang an zu richten. Hier ist es jetzt wichtig, genau die Reihenfolge der Teilschritte meines Systems einzuhalten und zwar auch beim Richten der 1. Fläche!
Sie brauchen nämlich nur in der ersten Phase »Richten der 4 Seitensteine der 1. Fläche« auf die richtige Stellung der entsprechenden Mittelsteine zu achten: Dies ist einmal der obere Mittelstein. Sie richten ja die oberste Fläche zuerst. Diesen Mittelstein drehen Sie als allererstes richtig und verändern ihn dann nicht mehr. Beim Hinbringen von jedem der 4 Seitensteine müssen Sie anschließend darauf achten, daß der darunterliegende Mittelstein gleichzeitig in die richtige Stellung gedreht wird. Damit haben Sie dann 5 Mittelsteine richtig! Das klappt, wenn Sie ein wenig üben, sicher recht bald. Um den letzten Mittelstein (der untersten Fläche) kümmern wir uns zunächst einmal gar nicht. Dieser kommt erst ganz am Ende meines Systems an die Reihe!
Weiter richten Sie den Würfel ganz normal mit meinem System: Wenn Sie am Ende den Würfel farbmäßig richtig haben, stellen Sie dann fest, daß ein oder mehrere Mittelsteine, ganz selten auch keiner, um 180 Grad verdreht wurden! – Es kann keiner um 90 Grad verdreht sein, außer Sie haben irgendwo einen Fehler gemacht!

Für diese 180-Grad-Verdrehungen der Mittelsteine gibt es einige Kombinationen, die Sie kennen sollten.
Hier eine Zugfolge, die 2 nebeneinanderliegende Mittelsteine um 180 Grad verdreht, den restlichen Würfel aber unverändert läßt:

Die bekannte Kombination aus dem Kapitel »Drei Beispiele« vertauscht 3 Steine im Kreis herum und verdreht 2 Mittelsteine:
Wir führen sie allerdings dreimal durch!

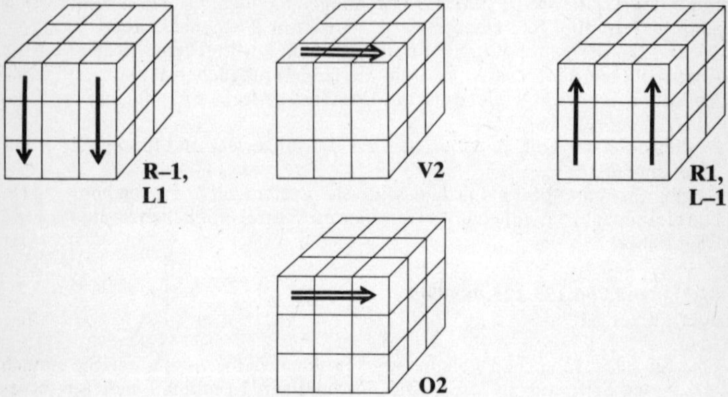

Bei dreimaliger Durchführung, das sind 18 Züge, ist der Würfel wieder in Ordnung, aber 2 Mittelsteine sind verdreht:

Das Ergebnis:

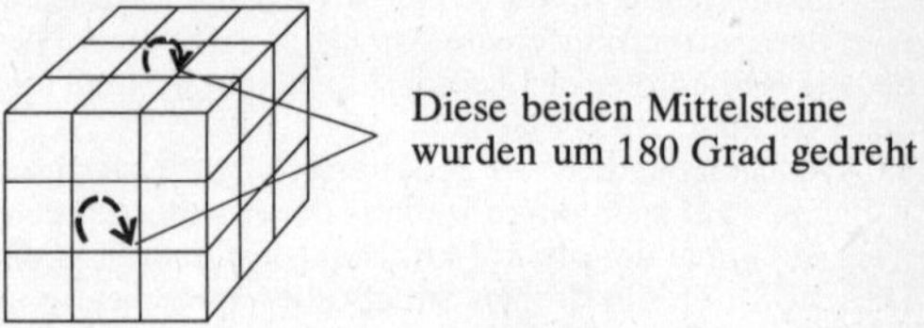

Die Zugfolge, die einen einzelnen Mittelstein um 180 Grad verdreht und den Würfel sonst unverändert läßt, ist etwas schwieriger zu finden, kann aber ebenfalls aus dem bisher vorhandenen Repertoire entnommen werden. Eine der beiden dafür möglichen Lösungen ist die Kombination »3 Ecksteine zweimal verdrehen«, die wir ebenfalls dreimal durchführen müssen, damit ein einzelner Eckstein um 180 Grad verdreht wird, der Würfel aber sonst stimmt:

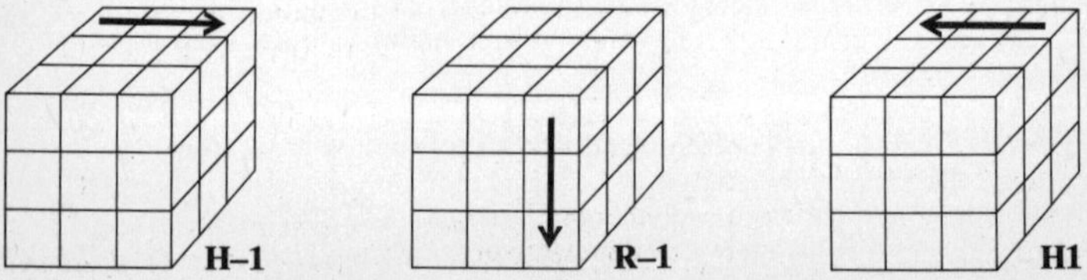

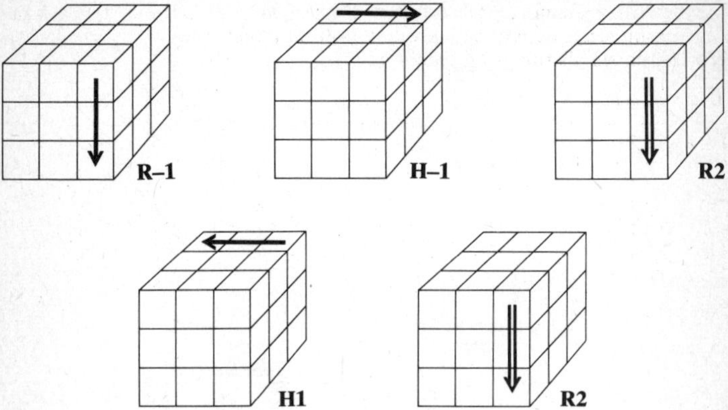

wieder dreimal durchführen!

Das Ergebnis:

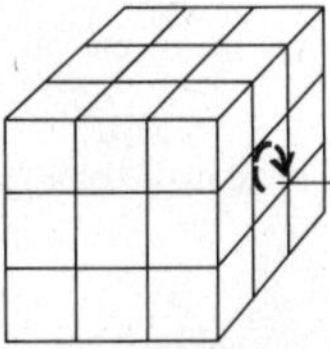

Diesmal wurde der Mittelstein der rechten Fläche um 180 Grad verdreht.

Zur Erklärung: Es gibt eine verkürzte Version für dieses dreimalige Durchführen:
Sie lassen beim 2. und beim 3. Mal den letzten Zug R2 weg, müssen dafür aber nach dem 2. Mal den ganzen Würfel um 180 Grad nach hinten kippen!
Das sind dann nur 22 Züge, funktioniert aber ebenso!

Hier noch einige Erläuterungen zu dem Kapitel »Seitensteine der 1. Fläche richten«, falls Sie dabei nicht mit den Mittelsteinen zu Rande kommen:
Sie sollten hier schrittweise vorgehen und wie dargestellt, Steine aus der 2. Schicht erst in die unterste bringen. –
Der abgekürzte, direkte Weg ist nämlich manchmal gefährlich.
Einige Beispiele:

A

Der Mittelstein soll hinaufschauen, schaut aber nach links (mit seiner Markierung)

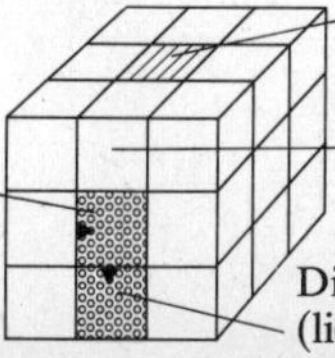

Der obere Mittelstein sei schon richtig gedreht:

. . . hierher

Dieser Seitenstein gehört . . . (liegt mit dem Gesicht nach unten)

Jetzt gehen Sie folgendermaßen vor:

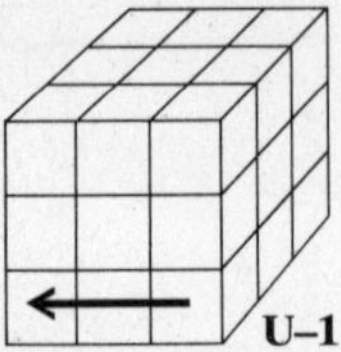
U–1

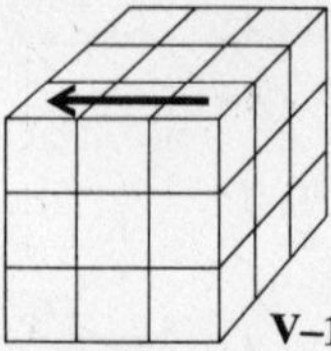
V–1

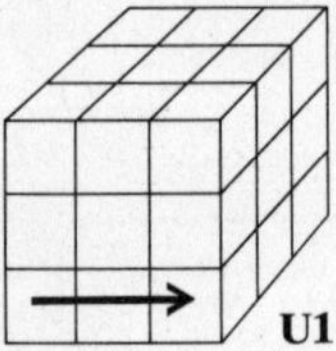
U1

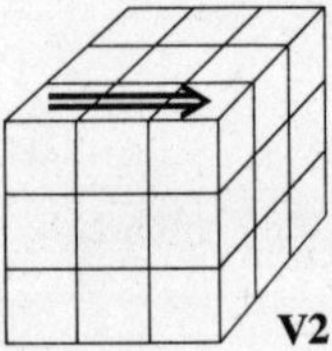
V2

Nach dem 3. Zug muß der Mittelstein nicht in die richtige, sondern in die entgegengesetzte Richtung schauen.

Das Ergebnis:

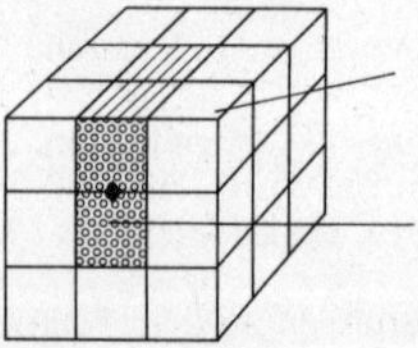

B Mittelstein soll nach oben schauen, schaut aber nach unten.

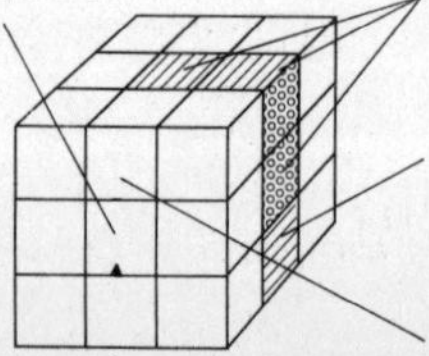

Hier machen Sie folgende Züge:

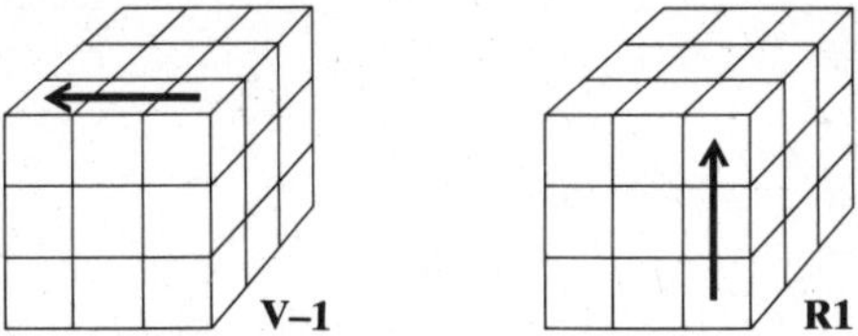

Nach dem 1. Zug muß der Mittelstein so stehen, daß er um 90 Grad vor seiner richtigen Stellung ist.

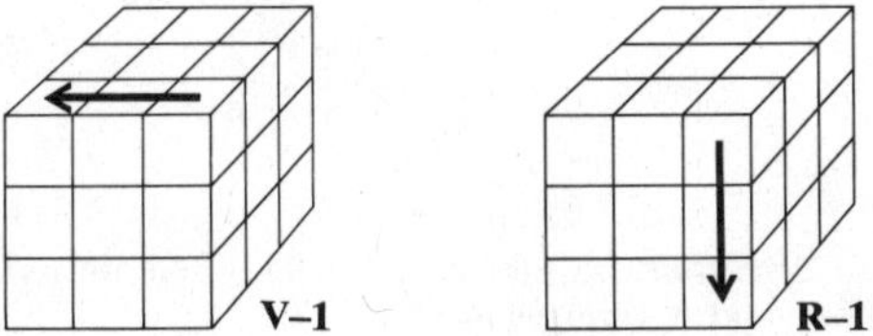

Das Ergebnis:

Dieser Seitenstein
und dieser Mittelstein
sind jetzt richtig.

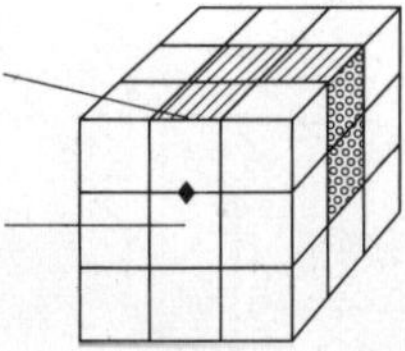

Wenn Sie die Bewegungen der Steine in den beiden Zugfolgen genau beobachten, werden Sie die Züge leicht verstehen und sinngemäß anwenden können. Zu der letzten Zugfolge, in der der Seitenstein von rechts heraufkommt, können Sie sich natürlich auch die analoge ausdenken, in der er von links heraufkommt!

C

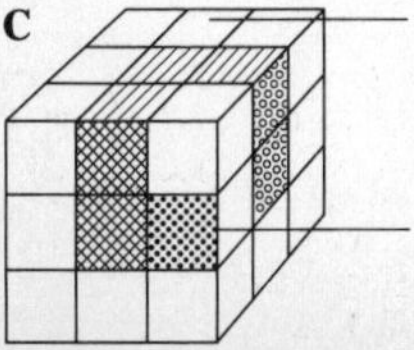

. . . gehört hierher

Dieser Stein (mit dem Gesicht nach vorne) . . .

Hier bringen Sie ihn mit 3 Zügen

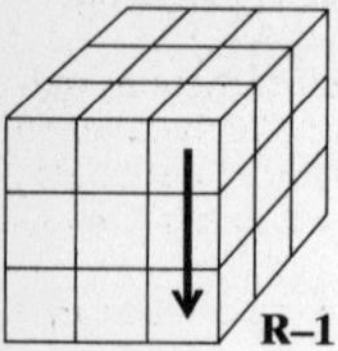
R–1

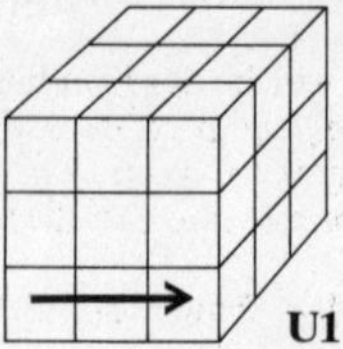
U1

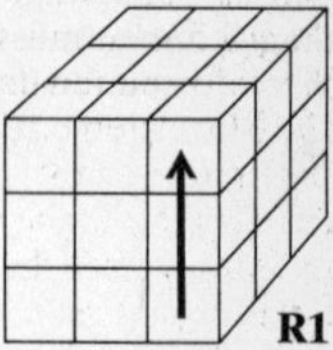
R1

nach unten, ohne etwas zu zerstören.

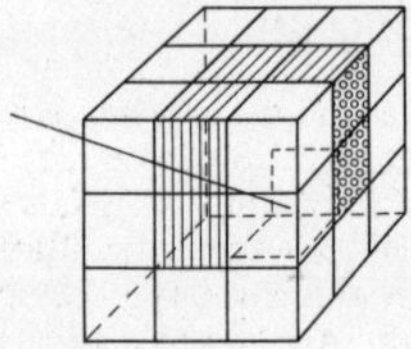

In der unteren Fläche können Sie ihn dann beliebig wandern lassen und bringen ihn dann wie in Punkt A gezeigt hinauf.

Die direkte Lösung ist hier falsch, also tabu:

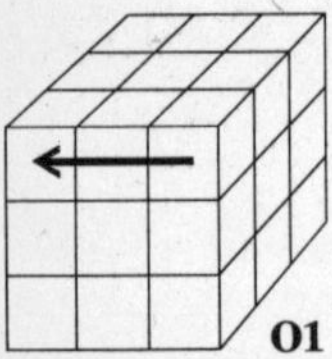
O1

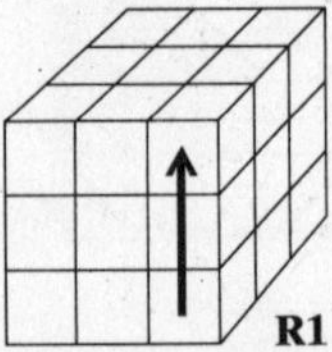
R1

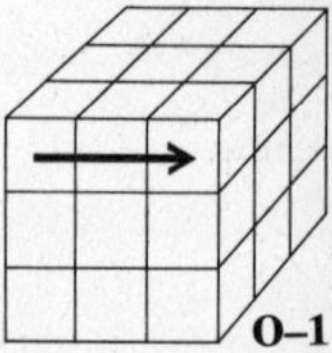
O–1

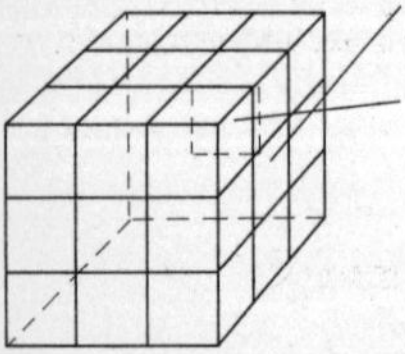

bringt zwar den Seitenstein hin, zerstört aber den rechten und den hinteren Mittelstein

Also: mit markiertem Würfel sollten Sie diese Kombination NICHT verwenden!
Damit sind Sie jetzt schon in der Lage, auch den markierten Würfel richtig hinzudrehen!

Es ist hier allerdings nicht optimal, daß man nicht vorhersagen kann, wieviele Mittelsteine nach dem normalen Richren des Würfels noch falsch sind:
Dazu gibt es einige *Verbesserungen, bzw. Kniffe,* die Sie aber nicht mehr unbedingt können müssen:
Wir informieren uns zunächst, welche der Kombinationen meines Systems welche Mittelsteine zerstört. Dazu genügt es, im Anhang, wo alle Kombinationen zusammengefaßt sind, auf folgendes zu schauen: Die Anzahl der Drehungen, denen jeder Mittelstein (entspricht einer Fläche) in einer bestimmten Kombination unterworfen ist.
Dann ergibt sich, daß einige Kombinationen den Mittelstein verdrehen und deshalb nicht verwendet werden sollen.
Jetzt gehen wir in die Praxis: Es geht jetzt nur mehr um das entsprechende Richten der Seitensteine:

1. Wenn wir erkennen, daß wir für das Seitensteinerichten 2 Kombinationen brauchen, ist alles relativ einfach. Mit der 1. Kombination (Dreiervertauschung oder eventuell 2 gegen 2 Seitensteine) sollten wir das schwierigere Kippen erledigen. Damit ist ein Mittelstein falsch geworden (der Mittelstein der letzten Fläche ist in einem ungewissen Status). Als letzte Kombination ist anschließend nur mehr eine Dreiervertauschung, ohne Kippen notwendig. Bei dieser wird allerdings außer dem letzten auch noch ein bestimmter, der obere Mittelstein verdreht. Wir können uns aber eine Zugfolge für eine Dreiervertauschung ausdenken, wo ein von uns gewünschter Mittelstein um 180 Grad verdreht wird. Es gibt deren 3, die jede einen anderen Mittelstein behandeln:

A

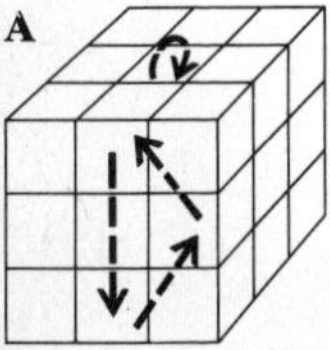

B

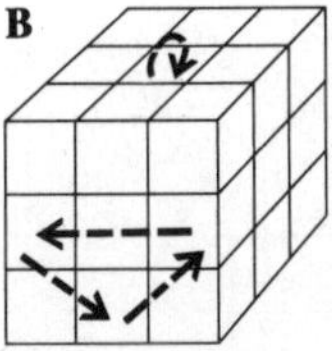

C

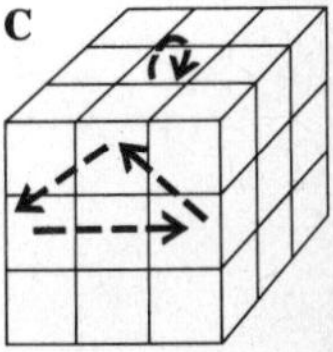

Gedreht wird immer der obere Mittelstein, es wechseln aber immer 3 andere Steine den Platz.
Der Unterschied liegt nur im Vorspann:

zu **A**

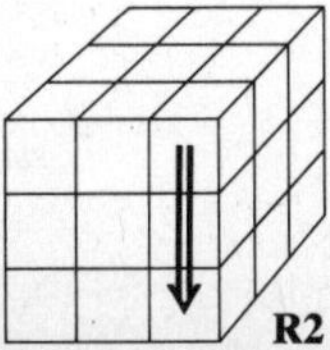

R2

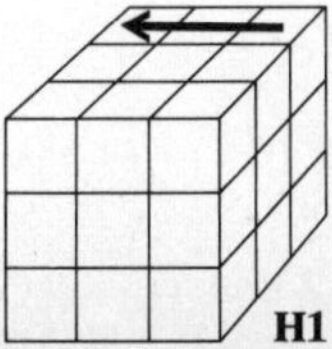

H1

Sie sehen hier, wie der rechte Seitenstein im Vorspann nach hinten wandert.

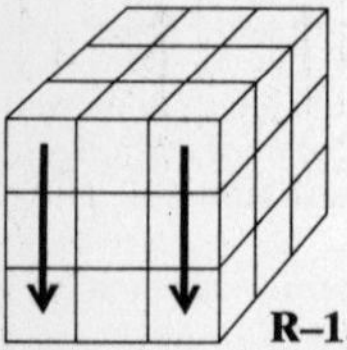
R–1, L1

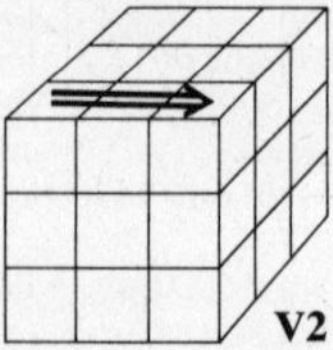
V2

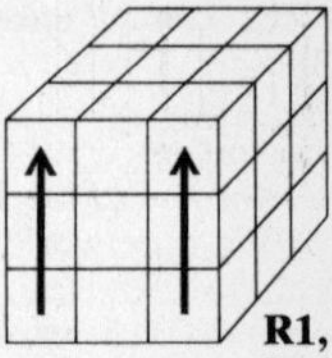
R1, L–1

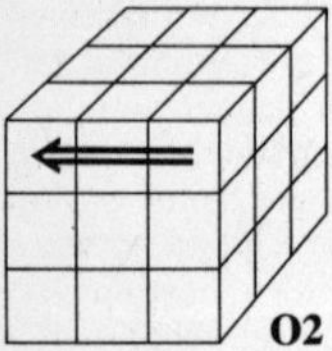
O2

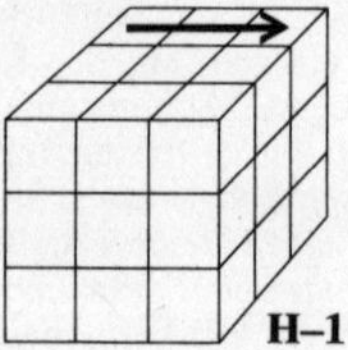
H–1

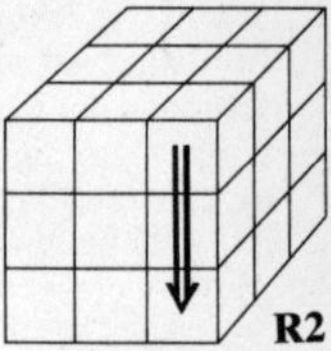
R2

Das Ergebnis:

um 180 Grad gedreht.

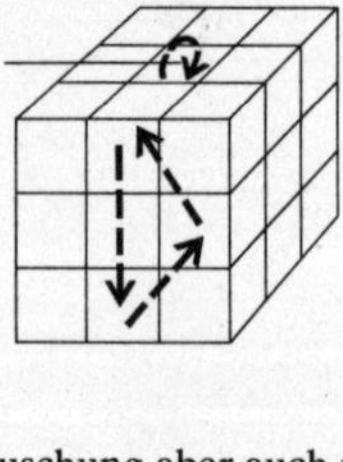

Sie sollten diese Dreiervertauschung aber auch noch in der anderen Richtung beherrschen. Die Zugfolge ist ja fast mit der vorigen identisch:

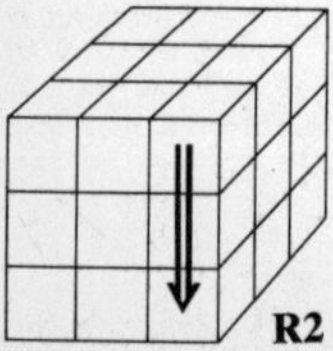
R2

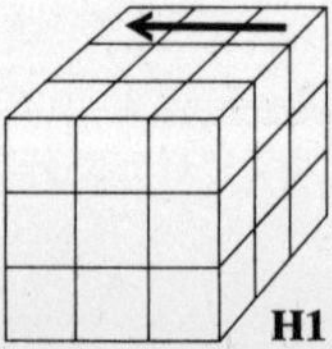
H1

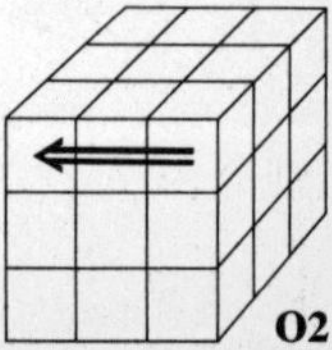
O2

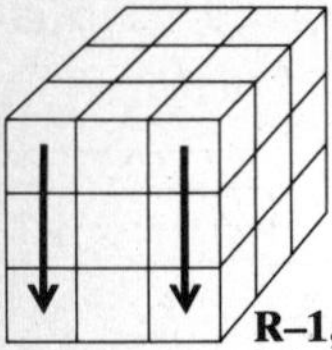

R–1,
L1

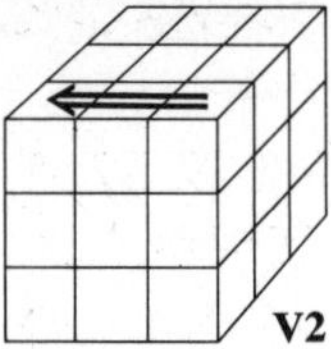

V2

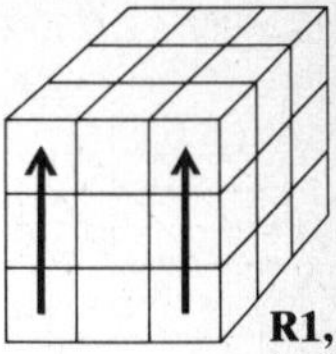

R1,
L–1

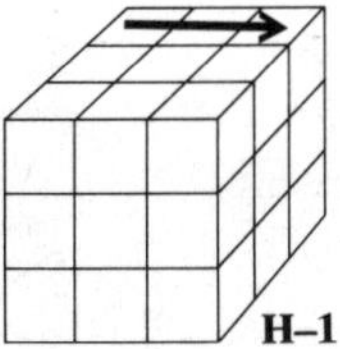

H–1

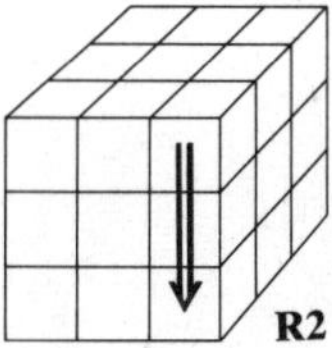

R2

Das Ergebnis:

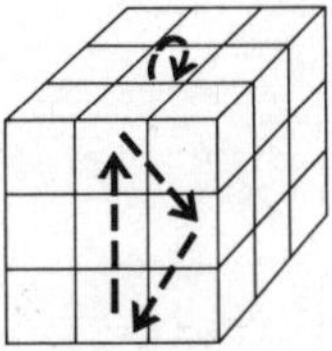

B

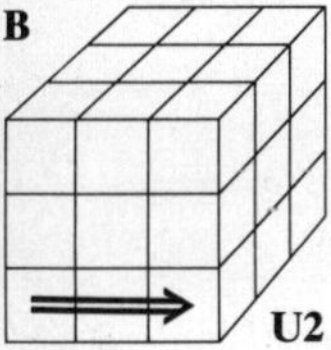

U2

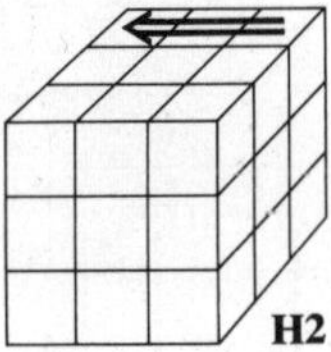

H2

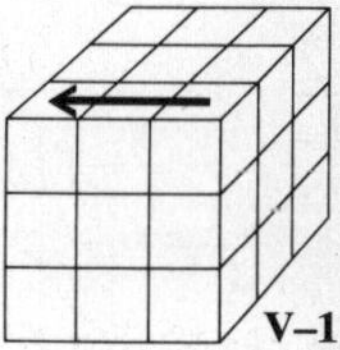

V–1

Hier wandern alle 3 Steine im Vorspann (der untere nach hinten)

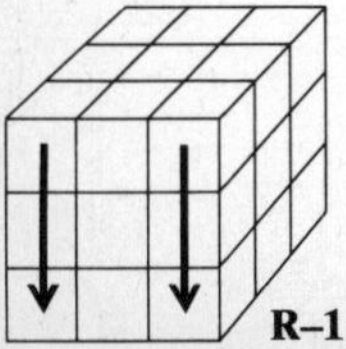

R–1,
L1

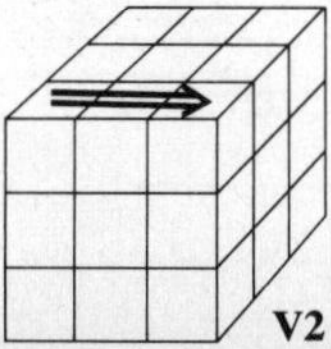

V2

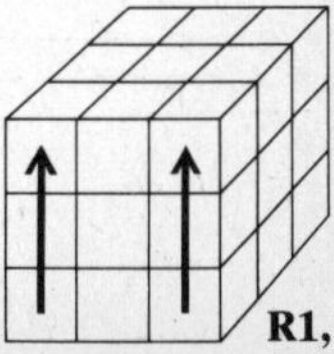

R1,
L–1

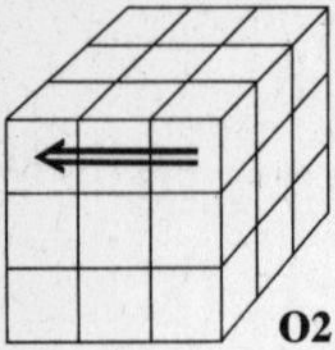
O2

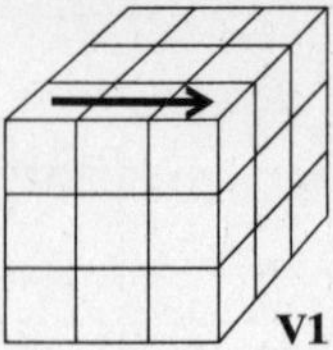
V1

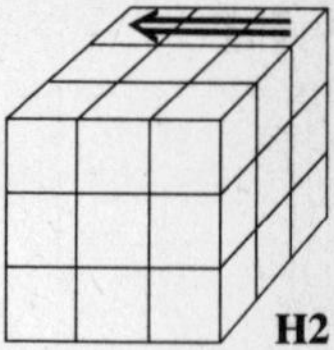
H2

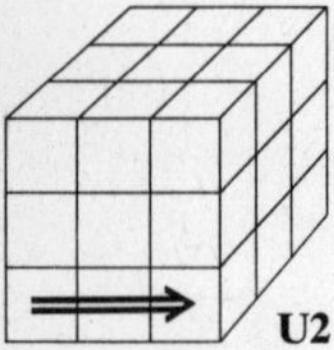
U2

Das Ergebnis:

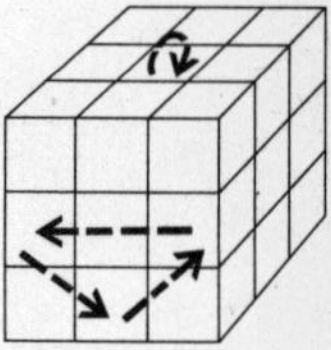

In der anderen Richtung:

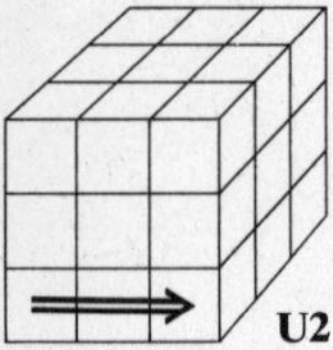
U2

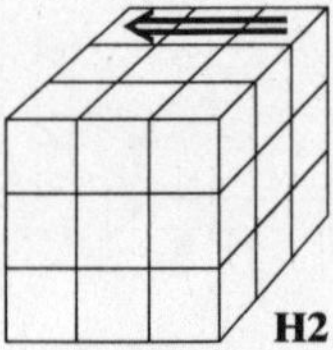
H2

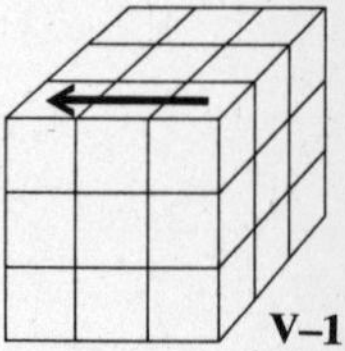
V–1

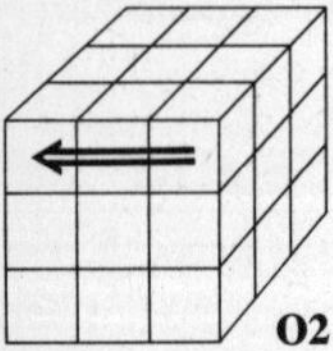
O2

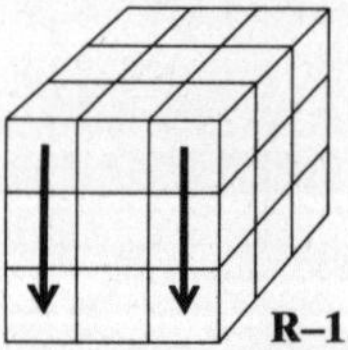
R–1,
L1

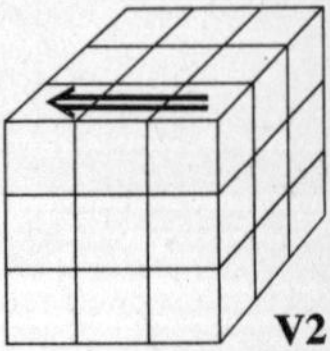
V2

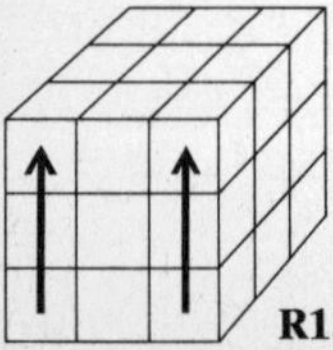
R1,
L–1

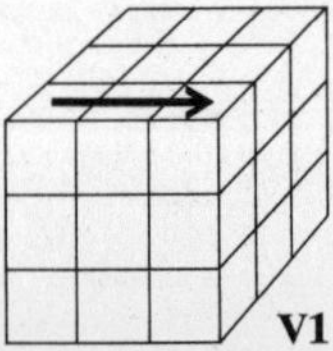
V1

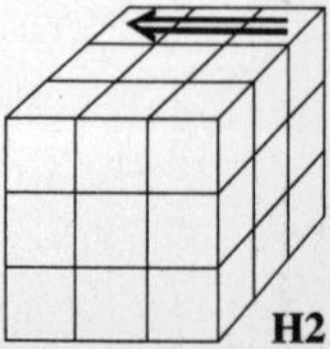
H2

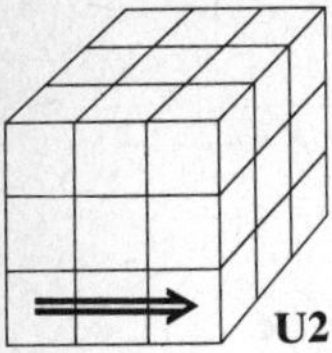

U2

Das Ergebnis:

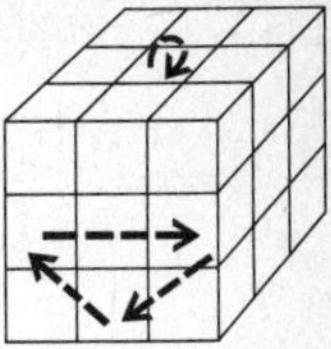

C

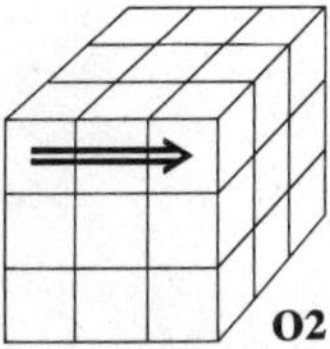

O2

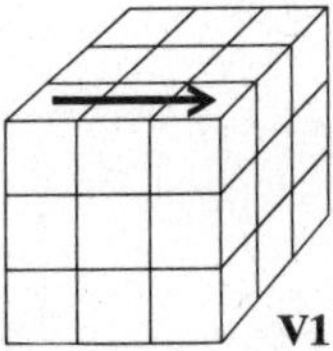

V1

Hier wandern wieder alle 3 Steine im Vorspann (der obere nach hinten)

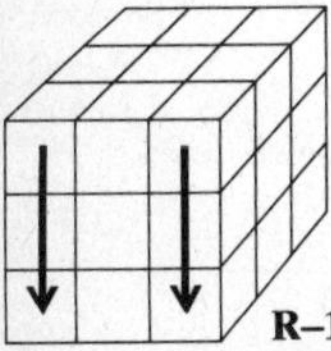

R–1,
L1

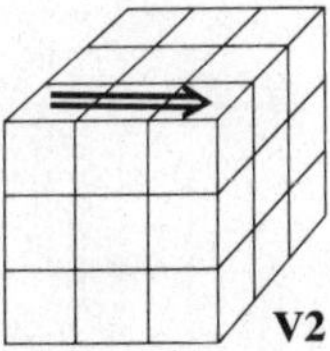

V2

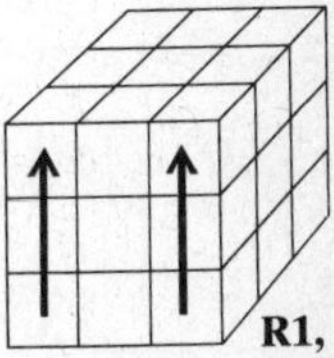

R1,
L–1

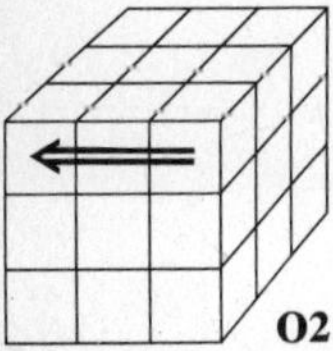

O2

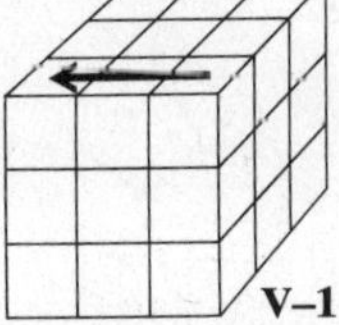

V–1

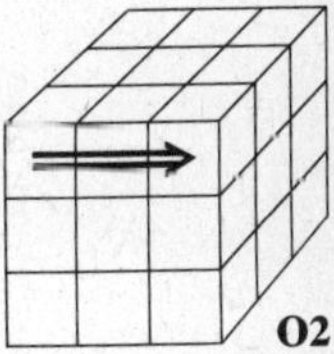

O2

Das Ergebnis:

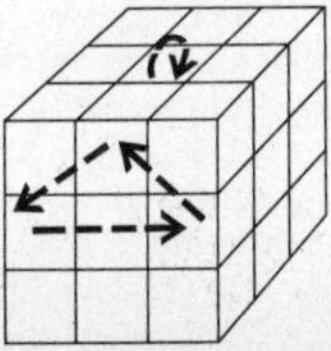

Die andere Richtung:

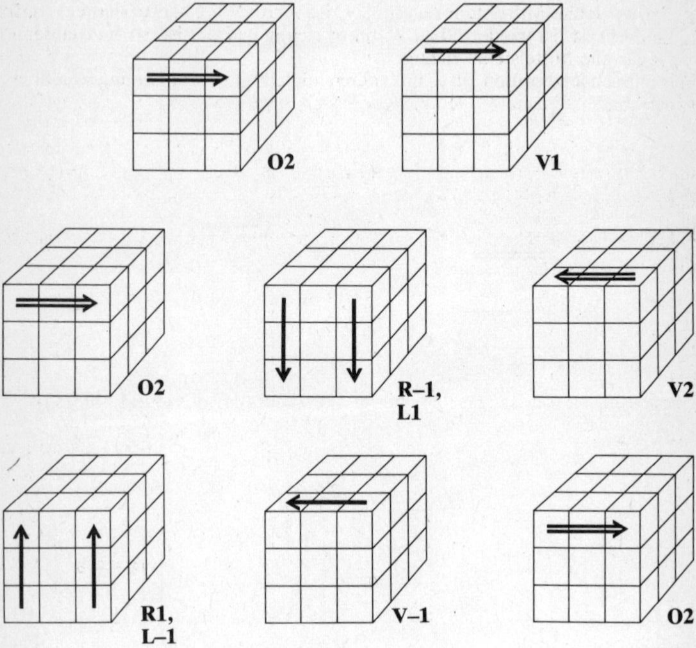

Das Ergebnis:

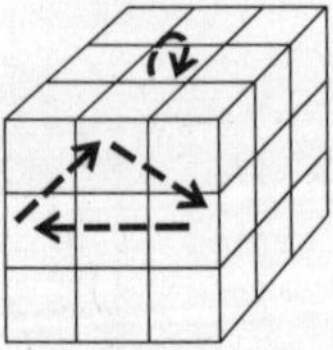

Mit diesen 3 bzw. 6 Kombinationen gemeinsam mit der schon bekannten Dreiervertauschung ohne Kippen haben Sie ein Werkzeug zur Hand, um jeden der 4 gewünschten Mittelsteine zu drehen, wenn Sie 3 bestimmte Steine vertauschen wollen!
Nach einem solchermaßen in 2 Schritten durchgeführten Seitensteinrichten sind 5 Mittelsteine unbedingt richtig gedreht. Die Chance, daß auch der letzte richtig ist, beträgt 50 %. Es steht also (leider) 50:50, daß Sie noch eine zusätzliche Kombination zum Richten des letzten Mittelsteins brauchen!

2. Wenn wir erkennen, daß wir nur eine einzige Dreiervertauschung brauchen, um die Seitensteine zu richten, müssen wir folgendes prüfen:
   Ist der letzte Mittelstein richtig, ja oder nein? Die Chance, daß er richtig gedreht ist, ist wieder **50%.** Wenn er richtig gedreht ist, so sind ja damit sogar alle Mittelsteine richtig!

Wir müssen jetzt prüfen, ob es uns gelingt, eine Dreiervertauschungskombination zu finden, die nicht 2 Mittelsteine, sondern keinen einzigen verdreht! Dies ist sehr wohl möglich:

Wir führen jede unserer bekannten Dreiervertauschungen so durch, daß wir die 3 Steine in der »falschen« Richtung wandern lassen, aber dafür gleich um 2 Schritte. Es wird also praktisch eine 2. Folge R–1, L1, V2, R–1, L1, O2 bzw. in einem Fall R–1, L1, U2, R1, L–1, V2 eingefügt.

Hier das Beispiel für die Dreiervertauschung ohne Kippen, kein Mittelstein darf sich verdrehen:

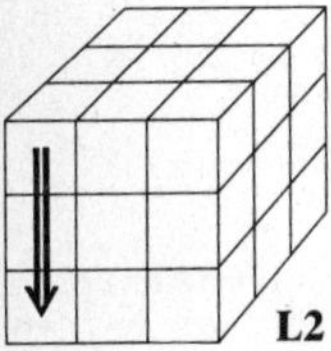
L2

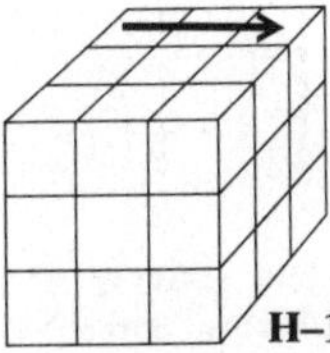
H–1

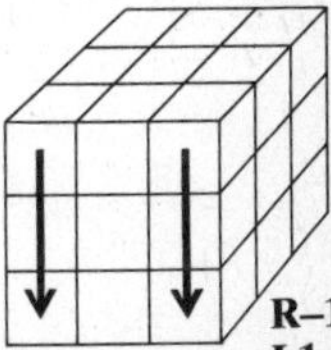
R–1, L1

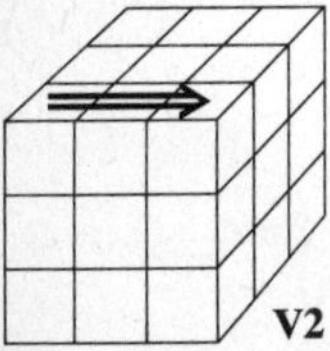
V2

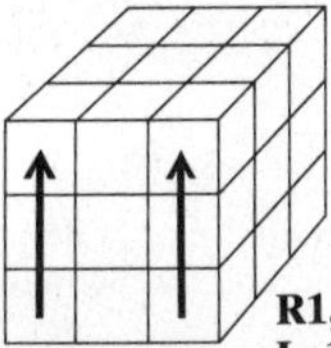
R1, L–1

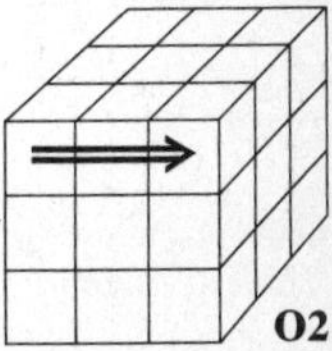
O2

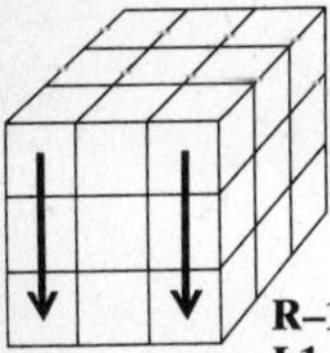
R–1, L1

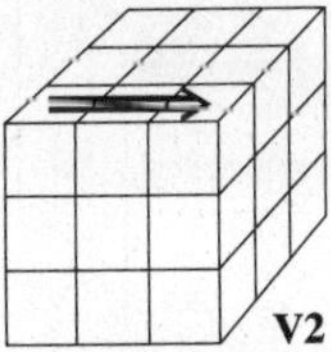
V2

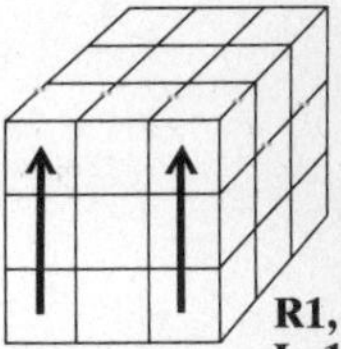
R1, L–1

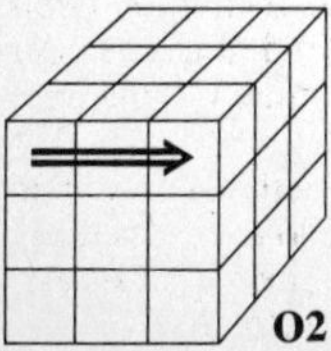
O2

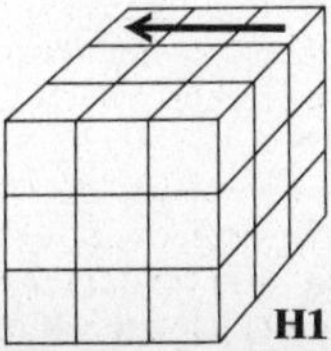
H1

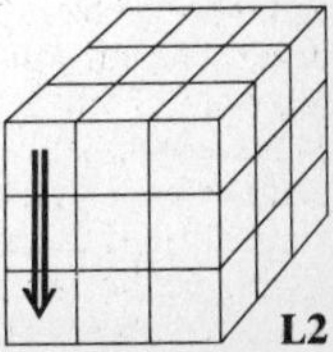
L2

Das Ergebnis:

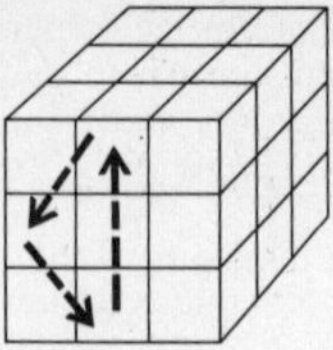

Kein Mittelstein wurde verdreht.

Für die umgekehrte Zugfolge sowie für die anderen Dreiervertauschungen können Sie sich die Vorgangsweise im Kopf oder auf dem Papier leicht selbst festlegen.
Hier haben Sie ein Mittel, sich eine zusätzliche Kombination zum Richten eines Mittelsteins zu ersparen. Die Chance dazu ist leider wieder nur 50 : 50.

3. In manchen Sonderfällen können Sie noch folgende Kombinationen zum Richten der Mittelsteine anwenden:

A

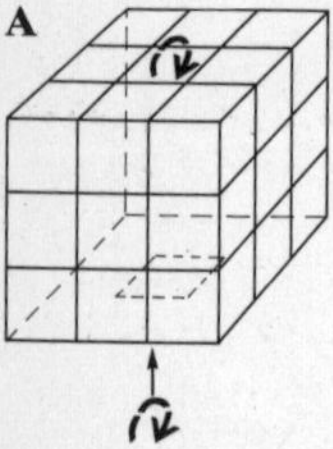

Oberen und unteren Mittelstein um 180 Grad verdrehen, der Würfel soll sonst gleich bleiben:

Dies geschieht durch Vertauschen dreier Seitensteine, dann ein Zwischenzug, Zurückbringen der Seitensteine und ein Schlußzug. 14 Züge:

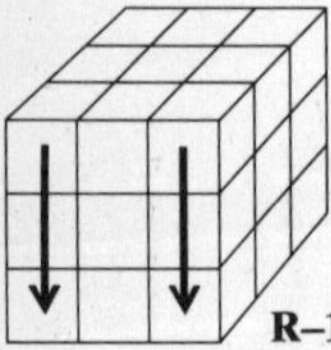

R–1, L1

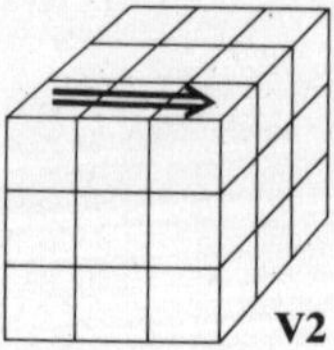

V2

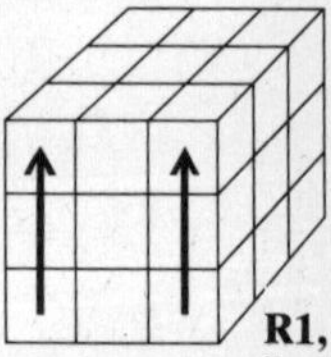

R1, L–1

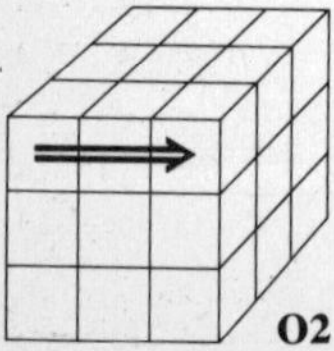

O2

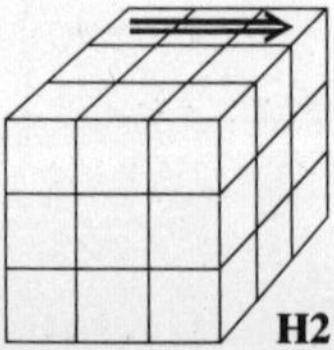

H2

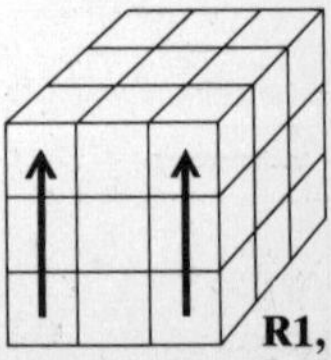

R1, L–1

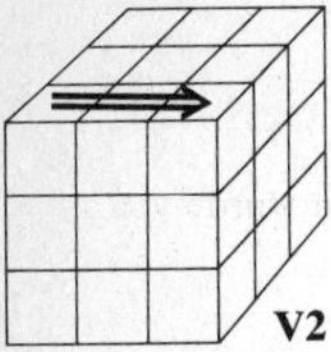

V2

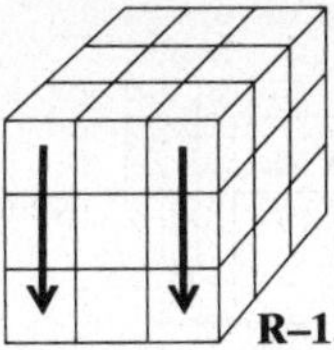

R–1,
L1

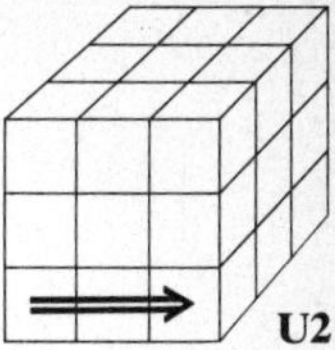

U2

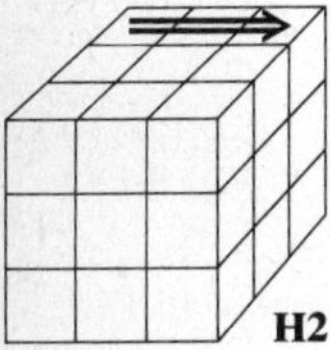

H2

Das Ergebnis:

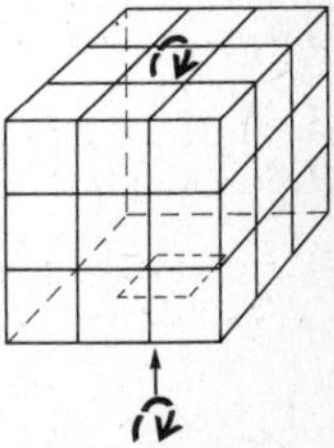

2 gegenüberliegende Mittelsteine verdreht!

B

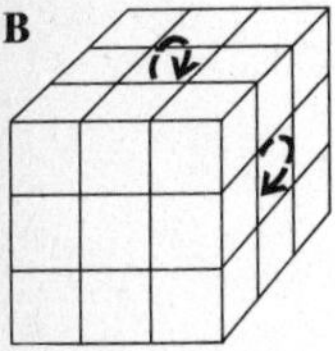

2 nebeneinanderliegende Mittelsteine können wir schon um 180 Grad verdrehen, ohne den restlichen Würfel zu zerstören, es ist aber eine kürzere und schwierigere Zugfolge möglich:

15 Züge statt 18:

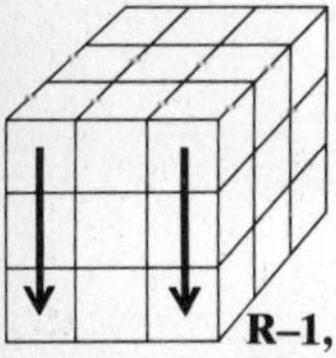

R–1,
L1

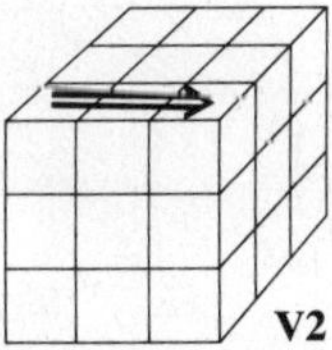

V2

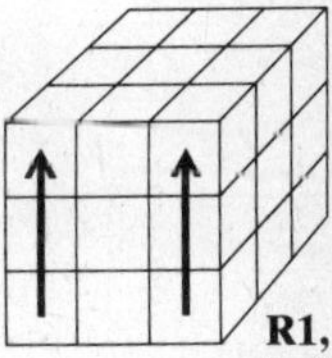

R1,
L–1

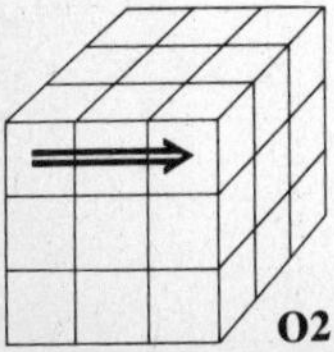

O2

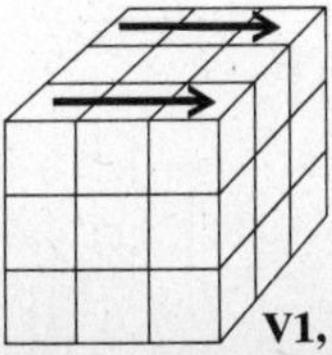

V1,
H–1

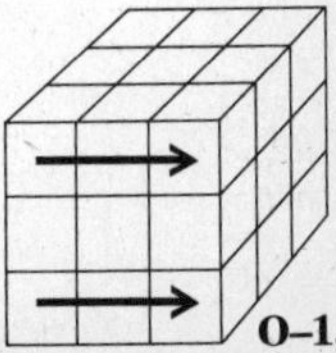

O–1,
U1

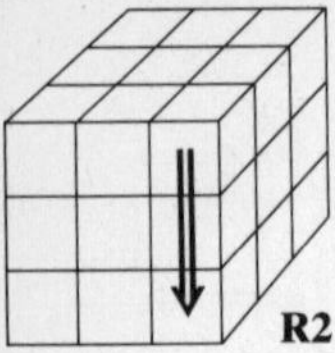
R2

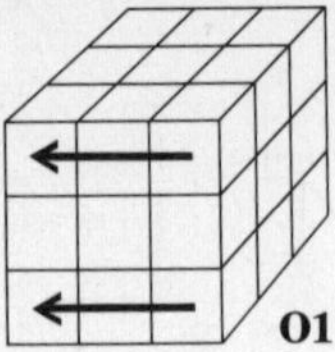
O1
U–1

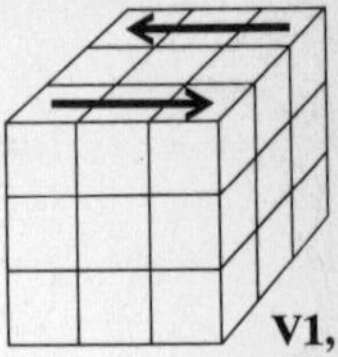
V1,
H1

Das Ergebnis:

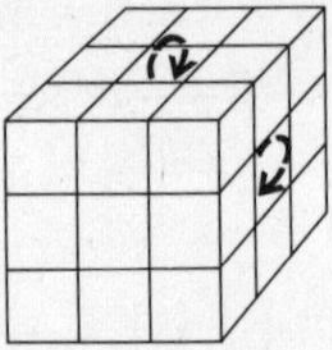

2 nebeneinanderliegende Mittelsteine verdreht

Hier wieder einige Kombinationen aus dem Buch von David Singmaster (Die ersten beiden Zugfolgen stammen von Thistlethwaite):

C
12 Züge statt meiner bisherigen 22:

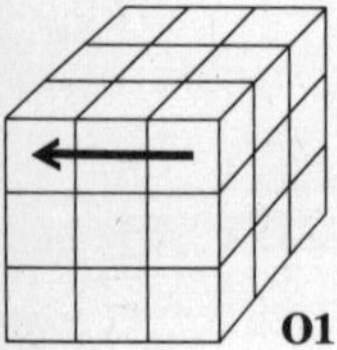
O1

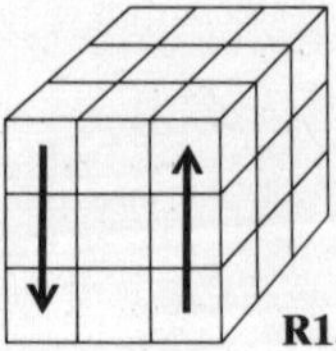
R1,
L1

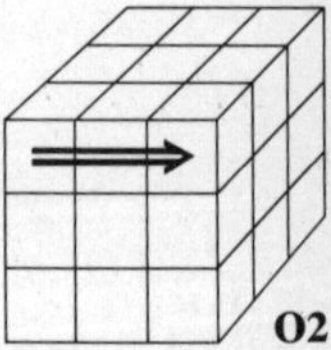
O2

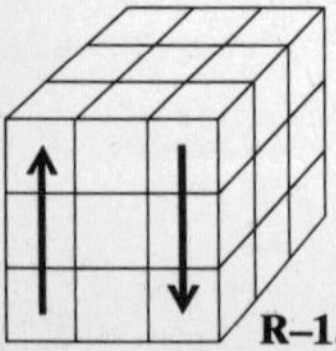
R–1,
L–1

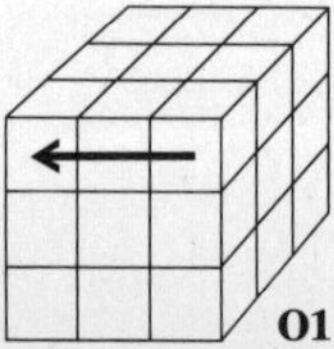
O1

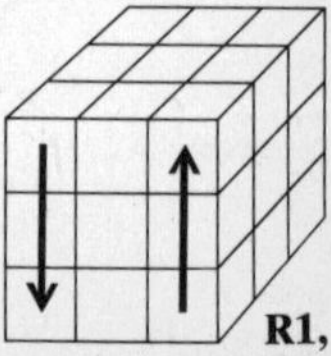
R1,
L1

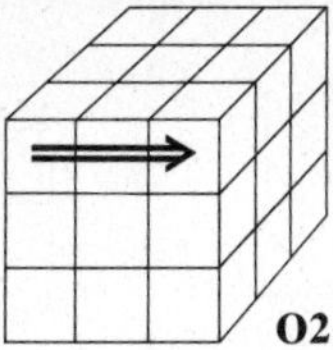
O2

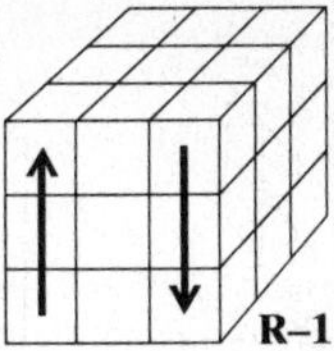
R–1
L–1

bewirkt:

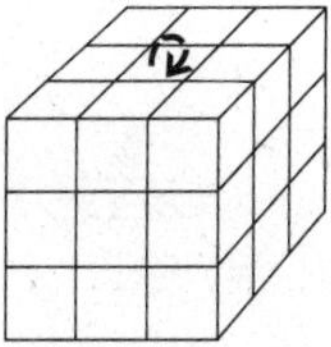

oberen Mittelstein um 180 Grad drehen

D

14 Züge:

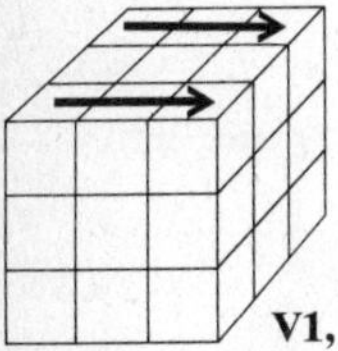
V1, H–1

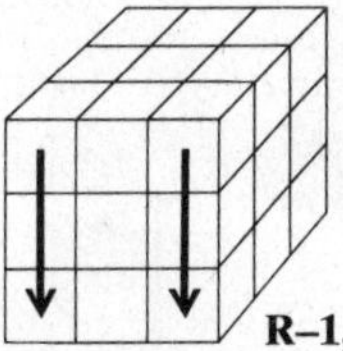
R–1, L1

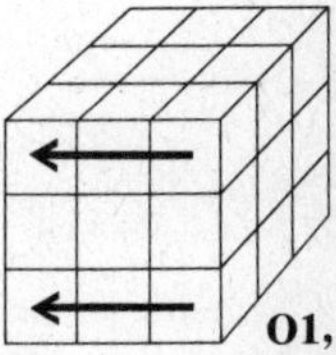
O1, U–1,

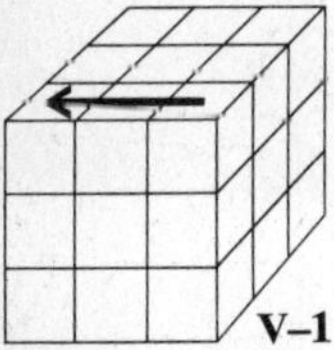
V–1

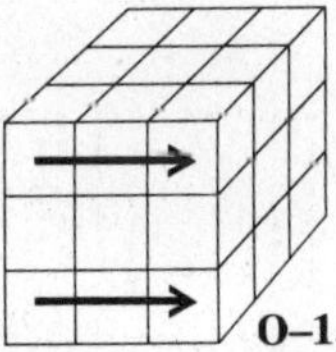
O–1, U1

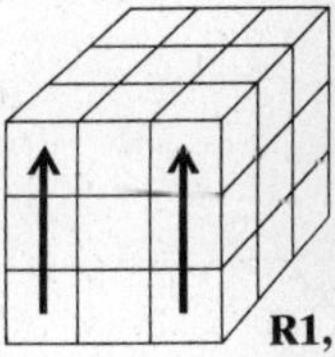
R1, L–1

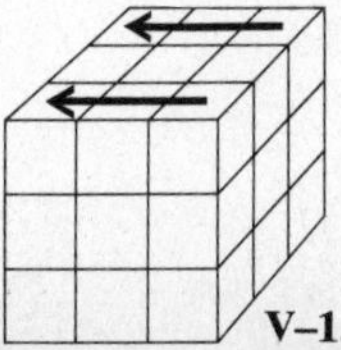
V–1, H1

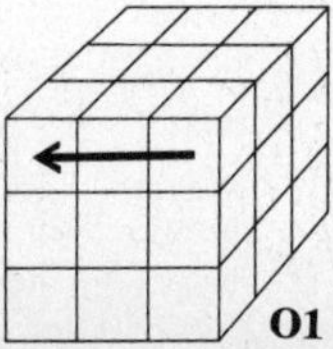
O1

Das Ergebnis:

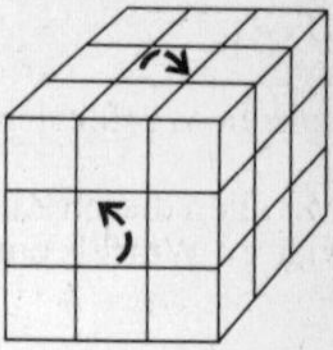

Oberen Mittelstein um 90 Grad im Uhrzeigersinn verdrehen, vorderen um 90 Grad im Gegenuhrzeigersinn.

E
14 Züge von D. Benson:

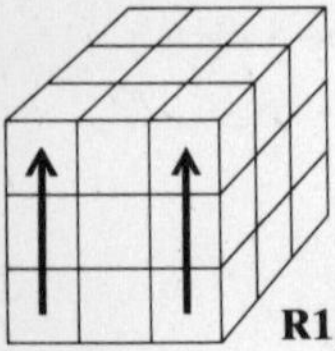

R1, L–1

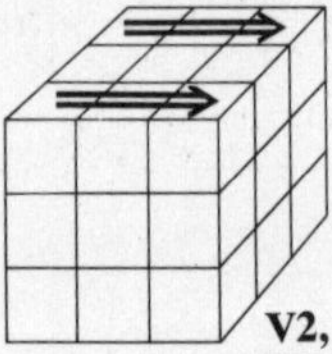

V2, H2

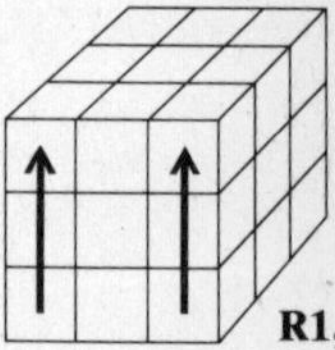

R1, L–1

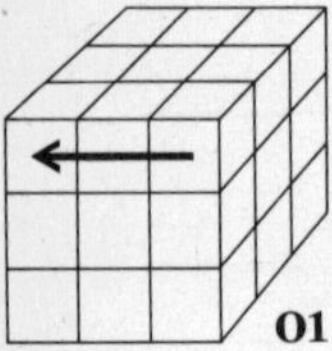

O1

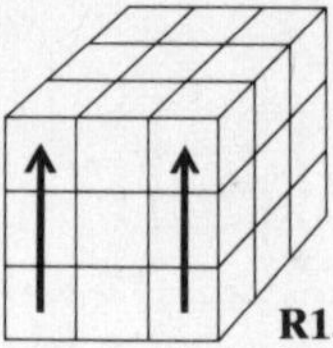

R1, L–1

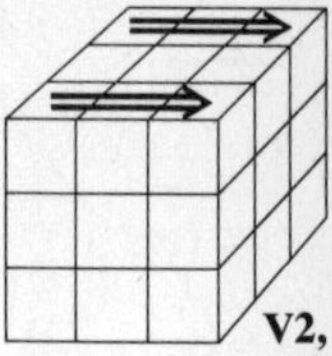

V2, H2

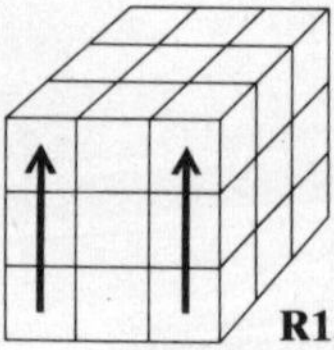

R1, L–1

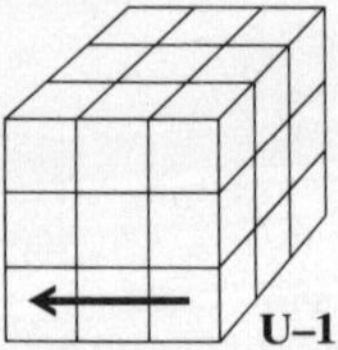

U–1

Das Ergebnis:

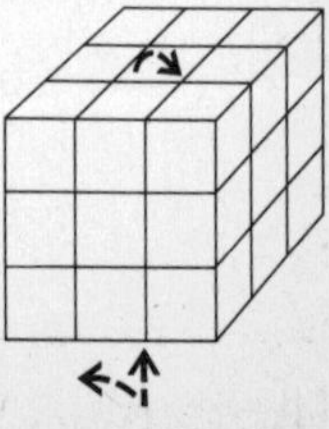

Oberer um 90 Grad im Uhrzeigersinn verdreht, unterer Mittelstein um 90 Grad gegen den Uhrzeigersinn.

Mit den letzten beiden Kombinationen sind wir nun in der Lage, bei einem richtig gedrehten Würfel noch nachträglich die Mittelsteine hinzudrehen, ohne den ganzen Würfel richten zu müssen!

Mit allen diesen Zusatzkombinationen braucht man für das Richten eines markierten Würfels nur wenig länger als für einen normalen! Unangenehm ist nur in allen Fällen die fifty-fifty-Chance auf eine zusätzliche Kombination, was also vollkommen vom Glück abhängt!
Die einzige zur Zeit bekannte Möglichkeit, dem auszuweichen, wäre, nur 5 statt 6 Mittelsteine zu markieren. Den 6. Mittelstein müßte man dann nur immer in der letzten Fläche behandeln und man erspart sich in allen diesen Fällen eine mehr oder weniger lange Kombination.
Mit einem solchen auf 5 Seiten markierten Würfel könnte man auch genauso wie mit einem unmarkierten Würfel sinnvolle Drehwettbewerbe veranstalten!

Im übrigen sind wir jetzt am Ende des Buches angelangt. Viel Spaß und Kurzweil beim Würfeldrehen und vor allem viel Erfolg!

ANHANG

Übersicht aller Kombinationen meines Systems:

2. Schicht richten:

R–1, U–1, R–1, U1, V1, U1, V–1 bewirkt:

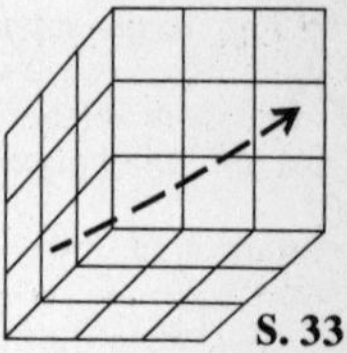

S. 33

»untere« Farbe kommt nach vorn

V1, U–1, V–1, U–1, R–1, U1, R1

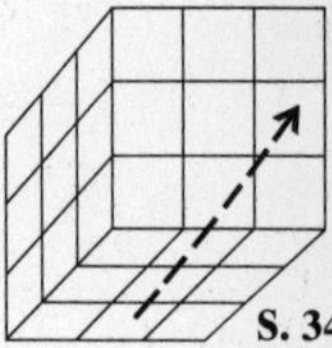

S. 34

R2, U2, R–1, U2, R2

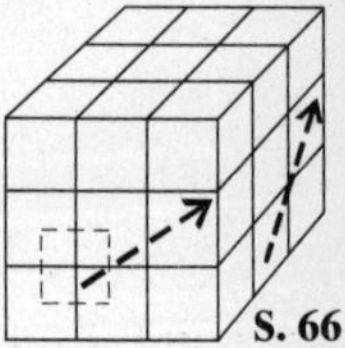

S. 66

Letzte Fläche Ecken richten:

— »letzte« Fläche hier vorne.

U–1, L1, U1, V1, U–1, V–1, L–1, V1, U1

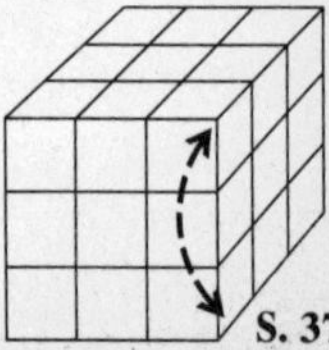

S. 37

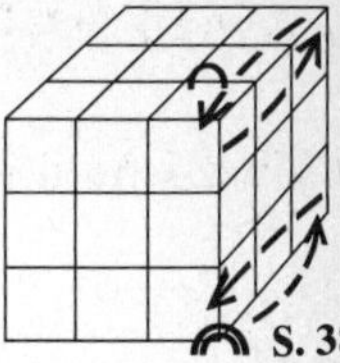

S. 38

U1, R1, H1, R–1, H–1, U–1

Letzte Fläche Ecken drehen:

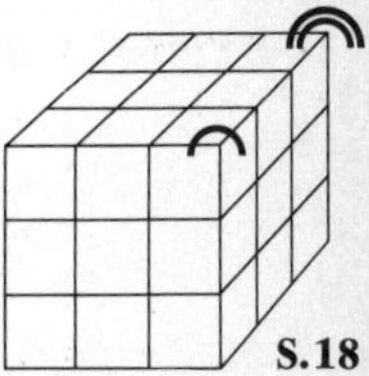

S. 18

R–1, U1, R1, V1, U1, V–1, O1
V1, U–1, V–1, R–1, U–1, R1, O–1

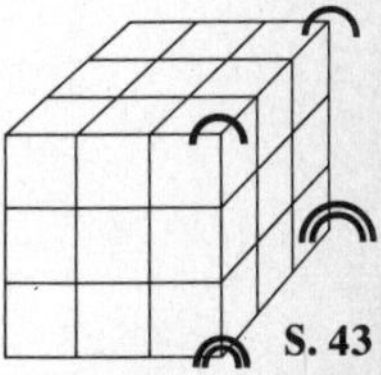

S. 43

U1, R1, H1, R–1, H–1
R1, H1, R–1, H–1, U–1

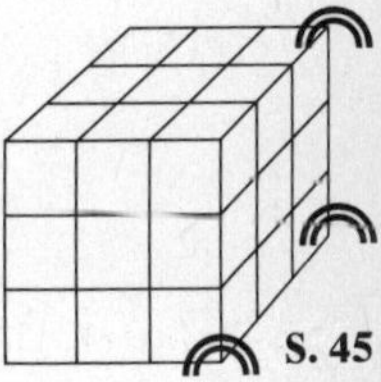

S. 45

H–1, R–1, H1, R–1, H–1, R2, H1, R2

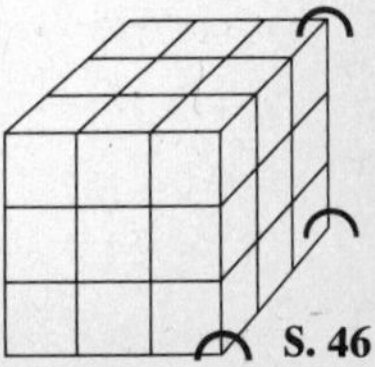

S. 46

R2, H–1, R2, H1, R1, H–1, R1, H1,

H–1, R–1, H1, R–1, H–1,
R1, H1, R–1, H–1, R2, H1

S. 49

Letzte Fläche Seitensteine richten:

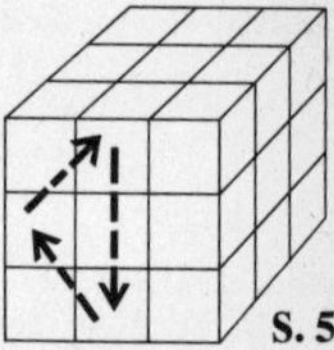

L2, H–1/R–1, L1, V2, R1, L–1, O2/H1, L2

S. 51

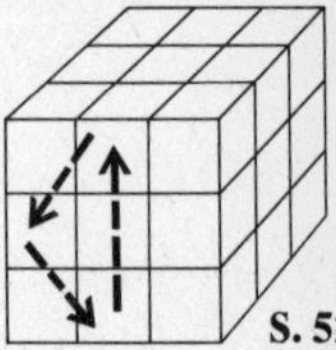

L2, H–1/O2, R–1, L1, V2, R1, L–1/H1, L2

S. 52

2 Steine kippen:

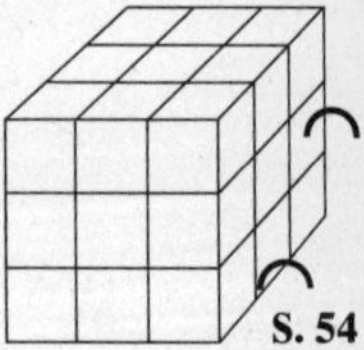

H–1, R2, H2, R1, H–1, R–1, H–1, R2
V1, U1, H1, U–1, V–1

S. 54

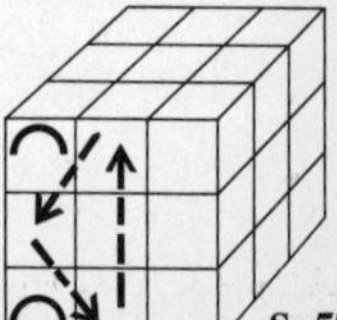

O–1, L–1, O–1/R–1, L1, V2, R1, L–1/O–1, L1, O1

S. 57

O–1, L–1, O1/R–1, L1, V2, R1, L–1/O1, L1, O1

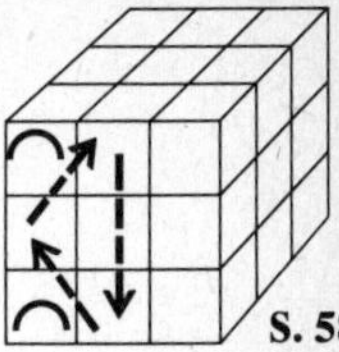

S. 58

O2, U1, R1, V1/R–1, L1, V2, R1, L–1, O2/V–1, R–1, U–1, O2

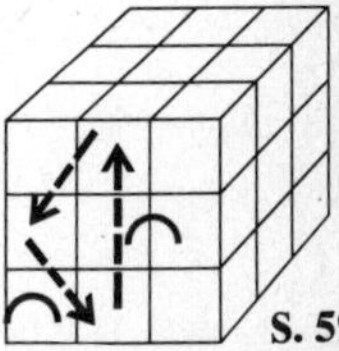

S. 59

O2, U1, R1, V1/O2, R–1, L1, V2, R1, L–1/V–1, R–1, U–1, O2

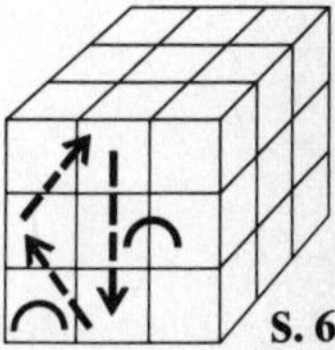

S. 60

U2, O–1, R–1, V–1/R–1, L1, U2, R1, L–1/V–1, R1, O1, U2

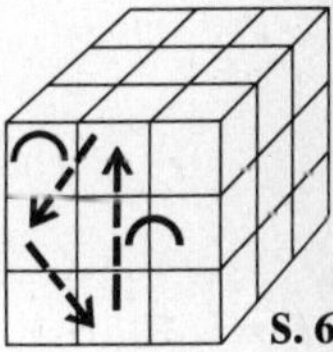

S. 62

U2, O–1, R–1, V1/R–1, L1, U2, R1. L–1/V1, R1, O1, U2

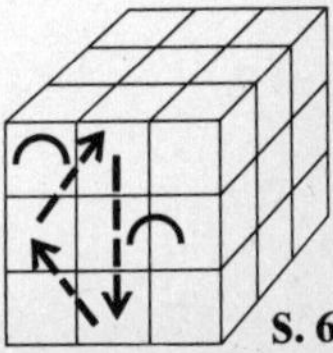

S. 62

R2, L2, U–1/R2, L2, V2, R2, L2, H2/U1, R2, L2

S. 74

O–1, U–1, H–1/R2, U2, R2, U2, R2, U2/H1, U1, O1

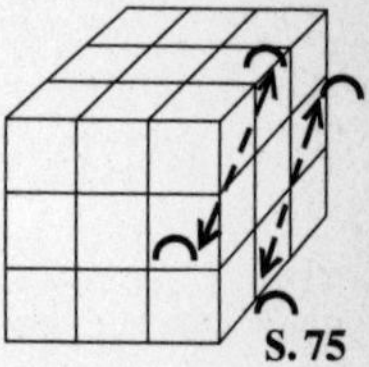

S. 75

O1, R–1, V1/O–1, U–1, H–1
R2, U2, R2, U2, R2, U2/H1, U1, O1/V–1, R1, O–1

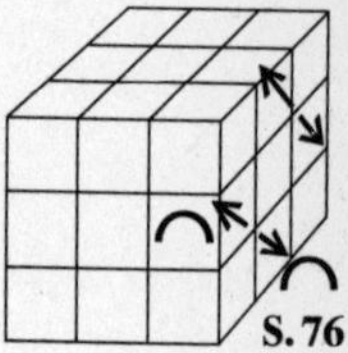

S. 76

R2, L2, U–1/R2, L2, O2, R2, L2/U–1, R2, L2

S. 78

L1, V–1, L–1, V2/R2, L2, U–1/R2, L2, V2, R2, L2,
H2/U1,
R2, L2, V2, L1, V1, L–1

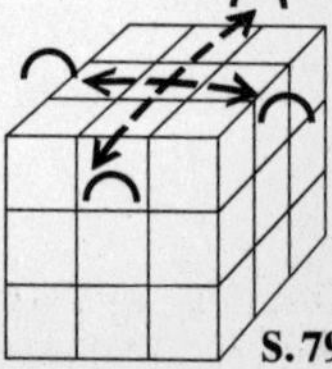

S. 79

V1, R–1, L1, U1, V1/R2, L2, V2, R2, L2, H2/V–1, U–1, R1, L–1, V–1

S. 80

R1, H1, O1, H–1, O–1
R2, V–1, O–1, V1, O1, R1

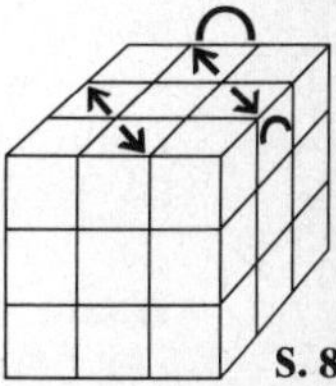

S. 82

V–1, O–1, L–1, O2
L1, V1, O1, R1, O2, R–1

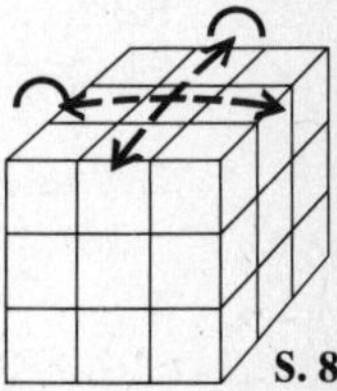

S. 83

R2, H2, R2, O2/R1, L–1, H1, R–1, L1/O2, R2, H2, R2, O1

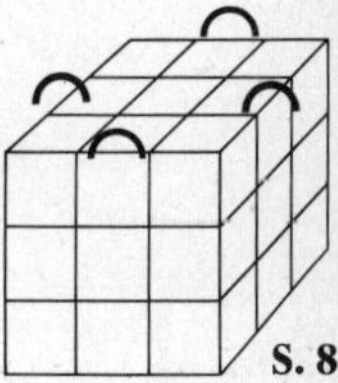

S. 84

O–1, V1, R–1, O1, V–1, R1, L–1, O1
H–1, R1, O–1, H1, R–1, L1

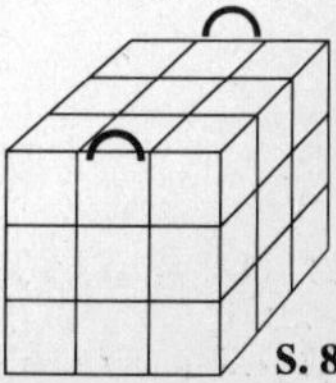

S. 86